高 等 职 业 教 育 教 材

土壤污染修复技术

朱月琪　曾红平　主编

崔迎　主审

化学工业出版社

·北京·

内容简介

本书介绍了国内常用的建设用地土壤污染修复技术，系统阐述了常用修复技术的原理、适用性、系统构成、主要设备、关键技术参数、主要实施过程等内容，内容全面、层次清晰，实用性强。基于水土共治的修复理念，本书介绍了地下水可渗透反应墙技术；基于以风险管控为核心的土壤污染防治思路，本书详细介绍了重点行业企业暂不开发利用污染地块风险管控的目标、程序和实施方法。

本书贯彻生态文明思想，践行绿水青山就是金山银山的理念。推动绿色发展，促进人与自然和谐共生，充分体现了党的二十大精神进教材。

本书为高等职业教育环境保护类专业的教材，也可作为土壤污染修复工程从业人员的参考用书。与教材配套的慕课《土壤污染修复技术》已在"学堂在线"课堂平台上线，方便广大读者了解和学习。

图书在版编目（CIP）数据

土壤污染修复技术 / 朱月琪，曾红平主编 . —北京：化学工业出版社，2024.2
ISBN 978-7-122-44588-9

Ⅰ.①土… Ⅱ.①朱…②曾… Ⅲ.①土壤污染-修复 Ⅳ.①X53

中国国家版本馆 CIP 数据核字（2023）第 243337 号

责任编辑：王文峡　　　　　　文字编辑：丁海蓉
责任校对：田睿涵　　　　　　装帧设计：韩　飞

出版发行：化学工业出版社
　　　　　（北京市东城区青年湖南街 13 号　邮政编码 100011）
印　　装：河北鑫兆源印刷有限公司
787mm×1092mm　1/16　印张 10¼　字数 215 千字
2024 年 4 月北京第 1 版第 1 次印刷

购书咨询：010-64518888　　　售后服务：010-64518899
网　　址：http://www.cip.com.cn
凡购买本书，如有缺损质量问题，本社销售中心负责调换。

定　　价：35.00 元　　　　　　版权所有　违者必究

→ 前言

土壤是"生命之基，万物之母"，是构成生态系统的基本要素，是人类赖以生存和发展的物质基础，关系到粮食安全和人居环境安全。土壤污染修复越来越受到关注。本书贯彻生态文明思想，践行绿水青山就是金山银山的理念。推动绿色发展，促进人与自然和谐共生，充分体现了党的二十大精神进教材。

建设用地土壤污染情况复杂，防治工作专业性强，涉及多学科专业知识。本书以实际修复工作为导向，注重岗位技能培养，贴合岗位需求；以"教、学、做一体化"为指导思想，在任务导入中讲述理论知识，将理论知识应用到技能训练；深化产教融合，以学生为中心，以任务为载体，实现工学结合一体化教学；以立德树人为根本任务，结合内容特点，将党的二十大精神等相关思政元素融入教材，鼓励求实创新、德技并修，培养高素质技能人才；积极响应"三教"改革要求，建设新形态立体化教材，通过教材与课程一体化、理论和实践一体化、数字资源与教材内容一体化，驱动课堂改革和教法改革。

本书共 9 章。第 1 章、第 5～7 章由曾红平编写；第 2 章由朱月琪编写；第 3 章由赵倩倩编写；第 4 章由邢竹和周玲编写；第 8 章由翟建编写；第 9 章由李国健编写。

本书依托广东省土壤污染风险管控和修复工程技术研发中心，由广东环境保护工程职业学院、天津渤海职业技术学院和上海出版印刷高等专科学校共同编写。本书引用了国内外同行学者撰写的论文、书籍和手册中的学术观点与数据。广东环境保护工程职业学院钟真宜教授为本书的出版提供了大力支持，广州市金龙峰环保设备工程股份有限公司石云峰提供了优秀案例和技术支持，在此表示衷心感谢！

由于编者水平有限，书中疏漏之处在所难免，敬请读者批评指正！

编者
2023 年 5 月

目 录

第3章　化学氧化技术

第6章　阻隔技术　82

二维码一览表

第1章

土壤污染修复基础

学习目标

知识目标

（1）了解土壤的组成及功能。

（2）掌握土壤污染的特点及来源。

（3）理解土壤污染修复技术的现状和发展趋势。

能力目标

（1）能判断地块土壤污染的来源，并分析其特点。

（2）具有对土壤修复技术进行分类的能力。

素质目标

（1）培养良好的职业操守、团结合作精神以及低碳环保意识。

（2）培养独立获取知识的能力，发现、分析和解决问题的能力及开拓创新精神，具有一定的技术开发和学术交流的能力。

（3）积极成长，勇担建设人与自然和谐共生美丽中国的历史责任。

任务导入

　　2004年4月28日，宋家庄地铁工程建筑工地的探井工人正在挖掘集水坑，一共15人，分成五组，每三人负责挖一个坑。当31号坑的工人挖掘到3m深时，他们感觉到有股强烈的味道。于是他们戴上了防毒面具，挖掘工作继续进行。当作业到达地下5m处时，3名工人出现恶心、呕吐症状，后被送往医院治疗，该施工场地随之被关闭。宋家庄地铁站所在地原是一家农药厂厂址，始建于20世纪70年代。尽管已搬离多年，但地下仍有部分有毒有害物质遗留。环保部门随后开展了场地监测并采取了相关措施。之后污染土壤被挖出运走，并进行了焚烧处理。

我国开始重视污染场地的环境管理，随后逐步建立了相关标准和规范。2004 年 6 月 1 日，国家环保总局以环办〔2004〕47 号文件发出《关于切实做好企业搬迁过程中环境污染防治工作的通知》。该事件标志着我国开始重视工业污染场地修复与再开发。

2021 年是"十四五"开局之年，在巩固拓展"十三五"时期工作成果基础上，为深入贯彻落实《土壤污染防治行动计划》和《中华人民共和国土壤污染防治法》等，"十四五"期间将继续深入打好净土保卫战。

1.1　土壤及其组成、功能和性质

历史的发展进程离不开土，人类的生活与土壤息息相关，人们的生活也离不开土壤。土壤是地球的"皮肤"，地球表面形成的土壤圈占据着重要的地理空间位置，它处于大气圈、水圈、岩石圈和生物圈相互交接的部位，是连接各种自然地理要素的枢纽，是连接有机界和无机界的重要界面，见图 1-1。土壤圈与其他圈层之间进行着物质和能量的交换，成为与人类关系最密切的环境要素。

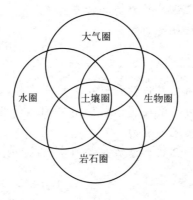

土壤的基本组成

图 1-1　土壤圈与大气圈、水圈、岩石圈和生物圈的关系

1.1.1　土壤的组成

土壤是在地球陆地表面的生物、气候成土、母质成土、地形、时间及人为等因素综合作用下形成的，能够生长植物的疏松表层，见图 1-2。土壤具有肥力，土壤肥力是土壤适时供给并协调植物生长所需的水分、养分、空气、热量和其他条件的能力。

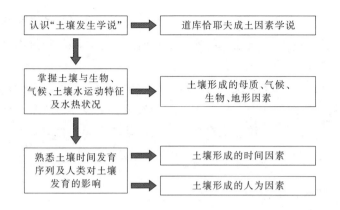

图 1-2　土壤形成过程及影响因素

土壤由固体、液体和气体三相物质组成。土壤固相物质包括三部分：岩石风化后的产物，即土壤矿物质；土壤中植物和动物残体的分解产物和再合成的物质；生活在土壤中的生物。土壤有机质是土壤中形成的和外部加入的所有动植物残体不同阶段的分解产物与合成产物的总称，而进入土壤的各种动植物残体、微生物体及其分解、合成的有机物质中的碳则称为土壤有机碳，土壤有机碳是土壤有机质的一部分。土壤固相物质之间为形状和大小不同的孔隙，孔隙中充满了水分和空气。固相物质包括矿物质、有机质和微生物，约占土壤体积的 50%。土壤的矿物元素组成主要是氧、硅、铝、铁，其他元素的量相对比较少。土壤矿物的化学组成在成土过程中因为元素的分散、富集特性以及生物聚集作用较地壳有所变化；在地壳中植物生长的必需营养元素含量很低，且分布不均匀。

土壤液相物质的主要成分是土壤水分与溶解在水分中的各种物质，约占土壤体积的 20%～30%，主要存在于土壤孔隙中。土壤水分存在不同的形态，根据土壤水分所受吸力的大小，把土壤水分分为吸湿水、毛管水和重力水三种类型。

土壤气相物质主要来自大气，但其成分与大气有一定的差别，它不仅是土壤的基本组成，也是土壤肥力因素之一，其含量和组成对植物呼吸与植物生长有直接影响，而且与生态环境密切相关。土壤空气与大气不断进行气体交换的能力称为土壤通气性。

土壤三相物质相互联系、相互制约，形成一个统一体，是土壤肥力的物质基础。土壤的组成和性质不仅影响土壤的生产能力，而且通过物理、化学和生物过程影响土壤的环境净化功能，并最终直接或间接地影响人类健康。

1.1.2　土壤环境质量及其功能

1.1.2.1　土壤环境质量

土壤环境是人类和陆地生物生存与繁衍的环境要素，即具有一定环境容量及动态环境过程的地表疏松层连续体构成的环境。土壤的各种组成部分并不是孤立的，它们相互作用并相连接，构成完整的土壤结构系统。这个复杂系统的各种性质是相互影响和相互制约的。当环境向土壤输入物质与能量时，土壤系统可通过本身组织的反馈作用进行调节与控制，保持系统的稳定状态。

土壤质量是土壤在生态系统的范围内，维持生物的生产力，保护环境质量以促进动植物与人类健康行为的能力，包括土壤肥力质量、土壤环境质量、土壤健康质量三个方面。土壤环境质量是土壤环境对人类和其他陆地生物生存、繁衍以及社会经济发展的适宜程度。

1.1.2.2 土壤环境背景值

土壤环境背景值指基于土壤环境背景含量的统计值，通常以土壤环境背景含量的某一分位值表示。其中土壤环境背景含量是指在一定时间条件下，仅受地球化学过程和非点源输入影响的土壤中元素或化合物的含量。环境背景值比较容易获得，并且允许有一定程度的人类活动的干扰，是反映当代环境物质的一般水平，代表土壤某一历史发展、演变阶段的一个相对数值。该数值是一个范围值，而不是一个确定值，其大小因时间和空间的变化而不同，可作为评价标准来衡量环境要素的质量或污染程度。

1.1.2.3 土壤环境容量

土壤环境容量是在维持土壤正常结构和功能的前提下，土壤环境所能容纳污染物的最大负荷。这种负荷量以人类和生物能忍受、适应并不发生危害为准则。就环境污染而言，污染物存在的数量超过最大容纳量，这一环境的生态平衡和正常功能就可能会遭到破坏。土壤环境容量受到多种因素的影响，如土壤性质、环境因素、污染历程、污染物的类型与形态等。土壤环境容量是对污染物进行总量控制与环境管理的重要指标。

1.1.2.4 土壤自净作用

土壤自净作用是指在自然因素作用下，通过土壤自身的作用，使污染物在土壤环境中的数量、浓度或形态发生变化，活性、毒性降低的过程。进入土壤的污染物，在土壤矿物质、有机质和土壤微生物的作用下，经过一系列的物理、化学及生物化学反应过程，降低其浓度或改变其形态，从而降低或消除污染物毒性。土壤自净能力的大小与土壤本身的性质、物质组成、质地结构以及污染物本身的组成及性质均有密切关系。故土壤自净能力越大，土壤环境容量越大。

1.1.2.5 土壤功能

土壤主要有以下功能：

① 养分功能 土壤向植物生长提供基本的矿物质元素养分和有机养分，即土壤

的自然肥力;

　② 结构功能　土壤特殊的团聚体和团粒结构保证植物根系生长、保水保肥、供水供肥、透气等;

　③ 环境功能　土壤提供植物生长、动物和人类生存所必需的生态环境条件,包括土壤理化特性(如 pH 值、离子交换量)、微生物特性(微生物群落、酶活性等)、污染物特性等。

1.1.3　土壤性质

土壤的性质大致可以分为物理性质、化学性质及生物性质三个方面,三类性质相互联系、相互影响,共同制约着土壤的水分、养分、空气、热量等肥力因子状况,并综合地对植物产生影响。不同土壤类型具有不同的物理特性(土壤质地、土壤孔隙性、土壤结构性水分特性、力学特性和适耕性)、化学特性(吸附性、酸碱性、土壤氧化还原性、配位反应)、生物特性(酶、微生物、土壤动物)。

1.1.3.1　土壤物理性质

土壤的三相物质的组成和它们之间强烈的相互作用表现出土壤的各种物理性质,如土壤质地、结构性、孔隙性等。

　(1) 土壤质地

土壤质地是按照土壤中不同粒级土粒的相对比例(土壤机械组成的差异)把土壤分成若干组合,每一组合即为一种土壤质地。土壤质地在很大程度上支配土壤的各种耕作性能、施肥反应,以及持水、通气等特性,其分类标准是土壤科学的重要问题之一。至今世界各国采用的标准不尽相同,甚至有的一个国家使用几种分级标准,我国使用的就有国际制、美国制、卡庆斯基制和中国制,因此,各地研究成果难以相互比较与引用。常见的土壤质地分类标准有国际制、美国制、卡庆斯基制及我国习用的标准。现将国际上常用的土壤质地分类标准按时间顺序总结如下。

　① 国际制　根据砂粒(2~0.02mm)、粉粒(0.02~0.002mm)及黏粒(<0.002mm)的含量确定,如图 1-3 所示。

　② 美国制　1951 年美国农业部(USDA)根据土壤在农田中的持水保肥、通气透水特点,将土壤质地划分为 4 组 12 级。美国制的质地分类标准亦用等边三角形(图 1-4)表示。

　③ 卡庆斯基制　卡庆斯基制将土壤划分为砂土、壤土和黏土 3 类 9 级,按物理性砂粒(>0.01mm)和物理性黏粒(<0.01 mm)的质量分数其中一个进行分类,如表 1-1 所示。

　④ 中国制　我国现代的土壤质地研究始于 1937 年,1959 年拟定了我国南方土壤质地四级分类梯级表,1961 年拟定了我国北京郊区土壤质地分类。1975 年在 1959 年和 1961 年两个质地分类的基础上加以归并、修改、补充而成 1978 年的中国土壤质地

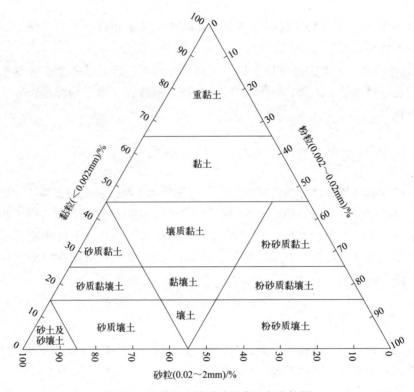

图 1-3 国际制土壤质地分类三角坐标图

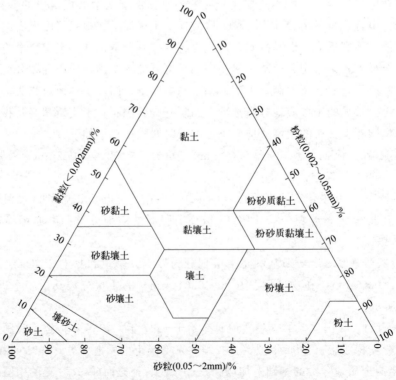

图 1-4 美国制土壤质地分类三角坐标图

表 1-1 卡庆斯基土壤质地分类制

质地分类		物理性黏粒(＜0.01mm)/%			物理性砂粒(＞0.01mm)/%		
类别	质地名称	灰化土类	草原土及红黄壤土类	碱化及强碱化土类	灰化土类	草原土及红黄壤土类	碱化及强碱化土类
砂土	松砂土	0～5	0～5	0～5	100～95	100～95	100～95
	紧砂土	5～10	5～10	5～10	95～90	95～90	95～90
壤土	砂壤土	10～20	10～20	10～15	90～80	90～80	90～85
	轻壤土	20～30	20～30	15～20	80～70	80～70	85～80
	中壤土	30～40	30～45	20～30	70～60	70～55	80～70
	重壤土	40～50	45～60	30～40	60～50	55～40	70～60
黏土	轻黏土	50～65	60～75	40～50	50～35	40～25	60～50
	中黏土	65～80	75～85	50～65	35～20	25～15	50～35
	重黏土	＞80	＞85	＞65	＜20	＜15	＜35

分类标准。结合我国土壤的特点，在农业生产中主要采用苏联的卡庆斯基的质地分类。1978 年我国拟定的土壤质地分类是按砂粒、粉粒和黏粒的质量分数划分出砂土、壤土和黏土三类 11 级。1987 年《中国土壤》第二版公布了中国土壤质地分类，分为 3 组 11 种质地名称，分类标准见表 1-2。

表 1-2 中国土壤质地分类（1987 年）

质地分类	质地名称	颗粒组成/%		
		砂粒(1～0.05mm)	粗粉粒(0.05～0.01mm)	细黏土(＜0.001mm)
砂土	极重砂土	＞80	—	＜30
	重砂土	70～80		
	中砂土	60～70		
	轻砂土	50～60		
壤土	粉砂土	≥20	≥40	
	粉土	＜20		
	砂壤	≥20	＜40	
黏土	轻黏土	—		30～35
	中黏土			35～40
	重黏土			40～60
	极重黏土			＞60

土壤质地可在一定程度上反映土壤的矿物组成和化学组成，而且质地是决定土壤蓄水、透水、保肥、供肥、保温、导热和可耕性等性质的重要因素，因此，不同质地的土壤其肥力特征和生产性状有很大的差异。

（2）土壤孔隙性

土壤是一个疏松多孔的物质体系，土粒与土粒之间，或团聚体与团聚体之间都存在大小不等、形状各异的孔隙，它们共同组成土壤的孔隙系统。土壤孔隙是土壤水分、空气存在和植物根系活动的场所，也是物质和能量交换的渠道。

土壤孔隙性包括土壤孔隙的多少、大小、比例和性质等，关系着土壤中水分、养分、空气、热量的协调，对土壤的生物活性和植物的生长发育都有重大影响。土壤孔隙性取决于土壤的质地、结构和有机质的含量等。不同土壤的孔隙性质差别很大。

土壤的孔隙性对进入土壤污染物的过滤截留、物理和化学吸附、化学分解、微生物降解等有重要影响。在利用污水灌溉的地区，若土壤通气孔隙大，好气性微生物活动强烈，可以加速污水中有机物质分解，较快地转化为无机物，如 CO_2、NH_3、硝酸盐和磷酸盐等通气孔隙量大，土壤下渗强度大，渗透量大，土壤土层的有机污染物、无机污染物容易被淋溶，从而进入地下水造成污染。

土壤孔隙的多少以孔隙率表示，土壤孔隙率是指单位体积自然状态下（非临时性的人为压实或疏松）的土壤中，所有孔隙体积占土壤总体积的百分率。土壤孔隙率是难以直接测定的，在实际工作中一般是根据土壤的密度和容重来进行计算。

（3）土壤结构性

土壤结构性是指土壤结构体的种类、大小、空间排列组合状况以及结构体之间的孔隙状况等的综合特征，土壤有不同的结构类型，这些由许多大小、形状各异的土团、土块或土片等构成的大小不同、形态各异的团聚体被称为土壤团聚体或土壤结构体。土壤团聚体是在土壤形成和发育过程中，由更小的无机颗粒和有机颗粒以一定空间排列，垒结成了一定空间范围内的土壤体，土壤中结构体可归纳为块状结构体、核状结构体、片状结构体、柱状结构体、团粒结构体等。

土壤结构决定着土壤的通气性、吸湿性、渗水性等物理性质，直接影响着土壤的环境功能。结构体内部粒间孔隙小，多为毛管孔隙，持水性能好；结构体之间多为非毛管孔隙，通气透水性能好。所以土壤结构性的形成使土壤既能蓄水又能通气，并且其温度变化缓慢，养分能持续释放和供应，为植物生长营造了较理想的生活环境。一般来说，通气性和渗水性好有利于土壤的自净作用。

1.1.3.2　土壤化学性质

与土壤的物理性质一样，土壤的化学性质表现在离子交换反应、酸碱性、氧化还原反应等方面。

（1）离子交换吸附

土壤具有吸附各种离子、分子、气体和悬浮微粒的能力，统称为离子的吸收作用。例如施入的肥料会被大量地保持在土壤中，不至于流失；污水通过土壤会变清；粪水、臭气通过土壤，臭味会消失或减弱等。土壤的吸收作用是土壤能够保存营养物质并源源不断地向植物提供养分的主要原因。

离子交换吸附是指带电土壤胶体对土壤溶液中离子的吸附与交换作用。例如，带负电荷的胶体可对溶液介质中的阳离子进行吸附，在一定条件下这些被吸附的阳离子还可以被其他阳离子交换下来，释放到土壤溶液中。在环境土壤科学中，通常把粒径

小于 $2\mu m$ 的土壤微粒称为土壤胶体，它是土壤中最细微的部分。

土壤胶体按其成分和特性，主要可分为土壤矿质胶体（以次生黏土矿物为主）、有机胶体（腐殖质、有机酸等）和复合胶体三种。土壤胶体带电且具有巨大的比表面积和表面能。不同土壤矿物组成不同，比表面积也不同，一般土壤中有机质含量高，2∶1 型黏粒矿物多，则比表面积较大，如黑土。反之，如果有机质含量低，1∶1 型黏粒矿物较多，则其表面积就较小，如红壤、砖红壤。

土壤胶体介绍

土壤胶体有集中和保持养分的作用，土壤胶体对离子的吸附在很多情况下是交换（代换）性的，称为交换性吸附或交换性吸收，这对土壤的养分供应和保存、酸碱缓冲能力以及抗干扰能力都有重要影响。进入土壤的农药可被黏土矿物吸附从而失去其药性，条件改变时，又可被释放出来。有些农药可在胶体表面发生催化降解从而失去毒性。土壤黏矿物表面可通过配位相互作用与农药结合，农药与黏粒的复合必然影响其生物毒性，这种影响程度取决于黏粒吸附力和解吸力。土壤胶体还可促使某些元素迁移，或吸附某些元素使之沉淀集中，或通过离子交换作用使交换力强的元素保留下来，而交换力弱的元素则被淋溶迁移。因此，土壤胶体对土壤中元素的迁移转化有着重大作用。

衡量土壤阳离子吸附与代换性能的指标为阳离子代换量（cation exchange capacity，CEC），是指在一定的 pH 值情况下，一定量的土壤（干土）中所含的全部代换性阳离子的量，单位是 cmol（+）/kg 干土。阳离子代换量实际上是土壤颗粒带电荷总量。

（2）酸碱性

自然界的各种土壤，有酸性、中性和碱性之分，这是土壤的基本化学性质。土壤酸碱性常用土壤溶液的 pH 值表示。我国土壤的 pH 值大多数在 4.5～8.5 之间，在地理分布上有"东南酸、西北碱"的规律性。土壤的酸碱性是气候、植被、母质及人为作用等多种因子控制的，其中气候起着近乎决定性的作用。《中国土壤》将我国酸度分为 5 级：pH<4.5 为强酸性土，pH 4.6～6.5 为酸性土，pH 6.6～7.5 为中性土，pH 7.6～8.5 为碱性土，pH>8.5 为强碱性土。土壤的酸碱性虽然表现为土壤溶液的反应，但是它与土壤的固相组成和吸附性能有着密切的关系，是土壤的重要化学性质。

土壤酸碱性影响土壤中各种化学反应，如氧化还原、溶解沉淀、吸附解吸、络合解离等。因此，土壤酸碱性对土壤养分的有效性产生重要影响，它同时通过对上述一系列化学反应的影响来影响土壤污染物的形态转化和毒性。土壤酸碱性还影响土壤微生物活性，进而影响土壤中有机质分解、营养物质的循环和有害物质的分解与转化。土壤酸度是指土壤固相-液相体系中致酸离子（H^+、Al^{3+}）的多少，根据致酸离子的存在状态和化学活性，将土壤酸度分为活性酸度和潜性酸度两大类型。土壤活性酸和潜性酸是属于一个平衡系统中的两种酸，它们能相互转化。

当土壤溶液的浓度和组成发生改变时，活性酸可由于 H^+ 被土壤胶体吸附成为潜性酸，潜性酸也可以由于胶体吸附的 H^+、Al^{3+} 被交换进入土壤溶液而变成活性酸。从数量关系上来看，潜性酸的量一般远大于活性酸的量，因此，潜性酸是土壤酸度的根源和储库，它是土壤酸度的容量指标，活性酸归根结底是由潜性酸度支配的，它是土壤酸度的强度指标。

（3）氧化还原反应

氧化还原反应是土壤中普遍发生的化学反应之一。土壤中有很多氧化还原体系，如有机碳体系（氧化态是 CO_2，还原态是 CH_4）、氧体系（氧化态是 O_2，还原态是 H_2O）、铁体系（氧化态是 Fe^{3+}，还原态是 Fe^{2+}）、硫体系（氧化态是 SO_4^{2-}，还原态是 H_2S）、氢体系（氧化态是 H^+，还原态是 H_2）等。然而，碳体系和氧体系是土壤最主要的氧化还原体系，它们决定着土壤的氧化还原电位（E_h），被称为决定电位体系。O_2 的氧化能力最强，其 E_0 为 1229mV，在通气良好的情况下，土壤呈现出氧化特征。有机碳体系的还原能力最强，其 E_0 为 169mV，在通气不良、有机质含量高的情况下，土壤呈现出还原特征。一般将 E_h＝300mV 作为土壤氧化和还原的界限标准。土壤的 E_h 对元素迁移和植物生长有重要意义。

1.2　土壤污染

土壤污染（soil pollution）是指污染物通过多种途径进入土壤，其数量和速度超过了土壤自净能力，导致土壤的组成、结构和功能发生变化，微生物活动受到抑制，有害物质或其分解产物在土壤中逐渐积累，通过"土壤—植物—人体"过程或通过"土壤—水—人体"间接过程等被人体吸收，危害人体健康的现象。

污染物进入土壤后，通过土壤对污染物质的物理吸附、胶体作用、化学沉淀、生物吸收等一系列过程与作用，不断在土壤中累积，当其含量达到一定程度时，才引起土壤污染。

1.2.1　土壤污染特点

（1）隐蔽性

土壤污染被称作"看不见的污染"，它不像大气污染、水体污染一样容易被人们发现和觉察，大气和水的污染都比较直观，人体感官都可以感受到，但是土壤污染一般通过仪器设备采样检测才可以发现。

土壤污染
特点分析

（2）不均质性

土壤对污染物进行吸附、固定，其中也包括植物吸收，从而使污染物聚集于土壤中。在进入土壤的无机污染物中，特别是重金属和放射性元素都能与土壤有机质或矿物质相结合，并且长久地保存在土壤中，无论它们如何转化，也很难重新离开土壤，成为顽固的环境污染问题。污染物在土壤中会不断积累从而达到很高的浓度，并不像在大气和水体中那样容易扩散与稀释。污染物在土壤中迁移缓慢，而且土壤性质差异较大，导致土壤中污染物分布不均、空间差异性大。因此，土壤污染具有很强的地域性特点。

（3）不可逆性

积累在污染土壤中的难降解污染物很难靠稀释作用和自净作用来消除。重金属污染物对土壤环境的污染基本上是一个不可逆转的过程，主要表现为两个方面：一是进入土壤环境后，很难通过自然过程从土壤环境中稀释或消失；二是对生物体的危害和对土壤生态系统结构与功能的影响不容易恢复。

同样，许多有机化合物的土壤污染也需要较长的时间才能降解，尤其是那些持久性有机污染物，在土壤环境中基本上很难降解，甚至产生毒性较大的中间产物。例如，六六六和DDT在我国已禁用20多年，但由于有机氯农药非常难降解，至今仍能从土壤中检出。

（4）累积性

污染物质在大气和水体中，一般都比在土壤中更容易迁移，这使得污染物质在土壤中并不像在大气和水体中那样容易扩散与稀释，因此容易在土壤中不断积累而超标，同时也使土壤污染具有很强的地域性。

1.2.2　土壤污染来源

土壤是一个开放系统，土壤与其他环境要素间进行着物质和能量的交换，因而造成土壤污染的物质来源极为广泛，有自然污染源也有人为污染源。自然污染源是指某些矿床的元素和化合物的富集中心周围，由于矿物的自然分解与分化，往往形成自然扩散带，使附近土壤中某元素的含量超过一般土壤的含量。人为污染源是土壤环境污染研究的主要对象，包括工业污染源、农业污染源和生活污染源。

1.2.2.1　工业污染源

由于工业污染源具备确定的空间位置并稳定排放污染物质，其造成的污染多属点源污染。工业污染源造成的污染主要有以下几种情况。

（1）工业生产过程中产生的"三废"

工业"三废"主要是指工业企业排放的废水、废气、废渣，一般直接由工业"三废"引起的土壤污染限于工业区周围数公里范围内。工业"三废"引起的大面积土壤污染都是间接的，且是由污染物在土壤环境中长期积累造成的。

① 废水　主要来源于工业废水。利用工业废水或被工业废水污染的水灌溉农田，均可引起土壤及地下水污染。

② 废气　工业废气中有害物质通过烟囱、排气管或无组织形式排放，以微粒、雾滴、气溶胶的形式飞扬，经重力沉降或降水淋洗沉降至地表从而污染土壤。钢铁厂、冶炼厂、电厂、硫酸厂、化工厂等均可通过废气排放和重金属烟尘的沉降从而污

染周边土壤。这种污染受气象条件影响明显。

③ 废渣　工业废渣如不加以合理利用和进行妥善处理，任其长期堆放，不仅占用大片农田，淤塞河道，还会因风吹、雨淋而污染堆场周围的土壤及地下水。产生工业废渣的主要行业有化学工业、金属冶炼加工业、非金属矿物加工、电力煤气生产等。另外，很多工业原料、产品本身是环境污染物。

（2）采矿业对土壤的污染

对自然资源的过度开发造成多种化学元素在自然生态系统中超量循环。改革开放以来，我国采矿业发展迅猛，年采矿石总量超 60 亿吨，已成为世界第三大矿业大国，而其引发的环境污染和生态破坏也与日俱增。采矿业造成的矿山废弃地、尾渣对土壤环境有较大的污染。

1.2.2.2　农业污染源

在农业生产中，为了提高农产品的产量，过多地施用化学农药、化肥，以及污水灌溉、农用地膜残留、畜禽粪便堆存等，都可使土壤环境不同程度地遭受污染。由于农业污染源大多无确定的空间位置、排放污染物的不确定性以及无固定的排放时间，农业污染多属面源污染，更具有复杂性和隐蔽性的特点，且不容易得到有效的控制。

（1）农药、化肥的使用

农用化学品主要指化学农药和化肥。化学农药中的有机氯杀虫剂及重金属类，可较长时期地残留在土壤中；化肥施用主要是增加土壤重金属含量，其中镉、汞、砷、铅、铬是化肥对土壤产生污染的主要物质。

（2）污水灌溉

未经处理的工业废水和混合型污水中含有各种各样的污染物质，主要是有机污染物和无机污染物（重金属）。最常见的是引灌含盐、酸、碱的工业废水，使土壤盐化、酸化、碱化，失去或降低其生产力。另外，用含重金属污染物的工业废水灌溉，可导致土壤中重金属的累积。

（3）农用薄膜

农用薄膜在生产过程中一般会添加增塑剂（如邻苯二甲酸类物质），这类物质有一定的毒性。农用废弃薄膜对土壤的危害较大，薄膜残余物污染逐年累积增加。

（4）畜禽饲养

畜禽饲养对土壤造成污染主要是通过粪便，一方面通过污染水源流经土壤，造成水源型的土壤污染，另一方面空气中的恶臭性有害气体降落到地面，造成大气沉降型的土壤污染。

1.2.2.3　生活污染源

土壤的生活污染源主要包括城市生活污水、城市生活垃圾、城市地表径流等。

（1）城市生活污水

城市生活污水指人类生活所产生的污水，以洗涤污水和排泄物等为主。城市生活污水的排量和居民生活水平有关，其排量较大，平均每人每日产生污水 150～400L。城市生活污水有别于工业废水，污水中含有的高量氮、硫、磷等物质在厌氧细菌作用下极易生成恶臭物质，从而污染环境。此外，污水中还含有大量的病原菌、病毒和寄生虫卵等微生物，糖类、脂肪、蛋白质等有机物，以及一系列金属和盐类物质。因此，我国城市生活污水的收集与处理需进一步完善，避免直接排放造成严重的土壤污染问题。

（2）城市生活垃圾

城市数量与规模迅速增加和扩张，城市人口剧增，导致城市被垃圾包围，大量需要处理的垃圾堆放会给土壤带来严重的污染问题。垃圾的露天堆放和填埋处理需要占用大量的土地资源。城市生活垃圾不仅产生量迅速增长，而且化学组成也发生了根本的变化，成为土壤的重要污染源。

（3）城市地表径流

随着社会的发展、城市化建设，城市路面径流污染是城市地表径流污染的重要组成部分。城市路面径流污染与汽车交通密切相关，而汽车排放的污染物质，如 NO_x、SO_2、HC、醛类、有机酸和颗粒物等，在沉降和雨水冲淋作用下，大部分将通过地表径流迁移至土壤和地下水中。城市路面径流污染物的组成包括固体物质、重金属、毒性有机物、氮磷营养物和农药。

1.2.3　我国土壤污染情况

根据生态环境部 2023 年 5 月发布的《2022 中国生态环境状况公报》，土壤环境状况：全国土壤环境风险得到基本管控，土壤污染加重趋势得到初步遏制。重点建设用地安全利用得到有效保障。农用地土壤环境状况总体稳定。而在早些年，我国土壤环境状况总体不容乐观，部分地区土壤污染较重，耕地土壤环境质量堪忧，工矿业废弃地土壤环境问题突出。根据《全国土壤污染状况调查公报》（2014 年 4 月 17 日）显示，全国土壤环境状况总体不容乐观，土壤总的点位超标率为 16.1%，其中耕地点位超标率达到 19.4%，部分地区土壤污染较重。一些重有色金属矿区周边耕地土壤重金属污染问题突出，影响农用地土壤环境质量的主要污染物是镉等重金属。

污染类型以无机型为主，有机型次之，复合型污染比重较小。我国西南地区及中南地区重金属污染问题严重，自北向南无机污染物含量逐渐增多。我国无机污染情况较为普遍，重污染企业、垃圾处理场地及采矿区的无机污染尤为严重。

部分地区存在严重污染问题。从污染分布情况看，南方土壤污染重于北方。长江三角洲、珠江三角洲、东北老工业基地等部分区域土壤污染问题较为突出，西南、中南地区土壤重金属超标范围较大；镉、汞、砷、铅 4 种无机污染物含量分布呈现从西北到东南、从东北到西南逐渐升高的态势。

1.3 土壤污染修复技术分类

土壤污染修复是指利用物理、化学和生物的方法转移、吸收、降解与转化土壤中的污染物，使其浓度降低到可接受水平，或将有毒有害的污染物转化为无害的物质。一般而言，土壤污染修复的原理包括改变污染物在土壤中的存在形态或同土壤结合的方式、降低土壤中有害物质的浓度，以及利用其在环境中的迁移性与生物可利用性。

1.3.1 按修复模式分类

土壤污染修复技术的种类很多，根据其位置变化与否分为原位修复技术和异位修复技术。原位修复是指不移动受污染的土壤或地下水，直接在地块发生污染的位置对其进行原地修复或处理。异位修复是指将受污染的土壤或地下水从地块发生污染的原来位置挖掘或抽提出来，搬运或转移到其他场所或位置进行治理修复。

原位修复对土壤结构和肥力的破坏较小，需进一步处理和弃置的残余物少，但对处理过程产生的废气和废水的控制比较困难。异位修复的优点是对处理过程条件的控制较容易，与污染物的接触较好，容易控制处理过程产生的废气和废物的排放；缺点是在处理之前需要挖土和运输，会影响处理过的土壤的再利用。

1.3.2 按技术原理分类

从修复的原理来考虑，土壤修复技术可分为物理修复技术、化学修复技术以及生物修复技术三类。

（1）物理修复技术

根据污染物的物理性状（如挥发性）及其在环境中的行为（如电场中的行为），通过机械分离、挥发、电解和解吸等物理过程，消除、降低、稳定或转化土壤中的污染物。

（2）化学修复技术

利用化学处理技术，通过化学物或制剂与污染物发生氧化、还原、吸附、沉淀、聚合、络合等反应，使污染物从土壤或地下水中分离、降解、转化或稳定成低毒、无毒、无害的形式（形态），或形成沉淀除去。

（3）生物修复技术

生物修复包括植物修复，动物、微生物修复和生物联合修复等技术。广义的生物修复，是指一切以利用生物为主的土壤或地下水污染治理技术，包括利用植物、动物和微生物吸收、降解、转化土壤与地下水中的污染物，使污染物的浓度降低到可接受的水平，或将有毒有害的污染物转化为无毒无害的物质，也包括将污染物固定或稳定，以减少其向周边环境的扩散。狭义的生物修复，是指通过酵母菌、真菌、细菌等微生物的作用清除土壤和地下水中的污染物，或是使污染物无害化的过程。

生物修复技术经济高效，通常不需要或很少需要后续处理。然而生物修复可能会导致土壤中残留更难降解且更高毒性的污染物，有时生物修复过程中也会生成一些毒性副产物。与物理、化学修复技术相比，生物修复技术成本低、无二次污染，尤其适用于量大面广的污染土壤的修复。但生物修复技术起效慢，不适宜用于突发环境事件的应急处理。

1.4　土壤污染修复技术现状及发展趋势

自 20 世纪 50 年代以来，我国工业化和现代化进程加速，但由于没有重视污染物排放的监管和治理，相应环境监管与保护措施缺失，导致各地普遍出现土壤污染问题，尤以率先发展工业实现经济腾飞的发达地区较为突出。加之土壤污染具有隐蔽性、滞后性和累积性等特点，我国政府和公众直到 21 世纪初才开始关注土壤污染问题。相较国外，我国土壤及地下水修复行业起步相对较晚。行业发展大致划分为三个阶段——孕育期、成长期、稳定期，我国土壤及地下水修复目前处于成长期。

1.4.1　土壤污染修复技术的现状

欧美发达国家在认识到土壤污染的严重性之后，过去的 50 年间纷纷制订了土壤修复计划，通过对土壤修复技术和设备研发投入巨资，发展出成熟的土壤污染修复技术体系与规范，并积累了丰富的现场修复技术与工程应用经验，土壤修复产业得到了快速的发展。

相较于欧美 50 年的发展历程，我国土壤修复技术研究起步较晚，仍属新兴行业，尚未有很好的基础积累和技术储备。2004 年"宋家庄事件"是开启我国土壤修复的钥匙。经过近 20 年的发展，我国土壤修复积累了宝贵的技术和管理经验。

目前，我国异位修复技术占比较高。早期以安全填埋、固化/稳定化、水泥窑协同处置为主。填埋技术是在 2010 年之前使用比较普遍的技术，主要用于重金属类以及半挥发性有机物的处理。随着修复技术的发展与进步，固化/稳定化逐渐代替了填埋技术。固化/稳定化技术可以降低污染物在环境中的迁移性，降低其生物有效性，但是目前该技术尚缺乏长期的安全稳定性评估，对环境可能存在潜在风险。2010 年之前我国主要使用水泥窑协同处置技术处理半挥发性有机物以及部分重金属。近几年热脱附技术、淋洗技术、氧化还原技术等的使用逐渐增多。热脱附分为直接热脱附和间接热脱附。两种脱附技术均得到很好的应用，其中原位热脱附越来越受到关注。相对异位热脱附来说，原位热脱附减少了在挖掘、运输过程中产生的二次污染问题，当然其应用效果和稳定性也有待改进。随着美国、日本、加拿大等多家国外公司准备或已经进入中国市场，多项原位热脱附技术逐渐应用起来，如热岛加热技术，电阻加热技术等。异位常温解吸是国内特有的一种技术，主要针对挥发性有机物。通过翻抛，促进挥发性物质的挥发，实施过程中还可以加入生石灰，通过化学发热促进其解吸和挥发。另外，像土壤淋洗技术、化学氧化还原技术操作简单、设备投入少，最近几年发展比较快，但选用时也要因地制宜。这些技术用于北方的土壤比较适合，南方的土壤黏性大，应用效果不理想。相较于物理化学修复技术，生物修复技术（比如生物堆技术、异位通风技术等）是环境友好的处理方法，未来应用日趋广泛。

污染土壤修复行业的核心因素是修复技术，我国的技术水平和相应的机械设备与发达国家相比尚有距离，因此，土壤修复技术仍需在处理效率、技术水平和投入成本上进一步革新与突破。但无论哪项技术的研发，先进的设备都会使修复技术得到更好的发展。目前，我国土壤修复设备仍需要进口，缺乏自主技术，因此需要加大自主研发投入力度，以满足我国土壤修复的实际需要，达到改善土壤污染状况的目的。

技术是推动产业发展的关键动力，先进、高效的技术会实现产业的跨越式发展。从 20 世纪 80 年代起，我国科研工作者就关注各类土壤污染状况，涉足大量基础性工作。当前，大量科研单位及高校均积极投入污染土壤治理等方面的工作，通过技术引进及产业化发展的摸索，国内具有一定专业经验的土壤治理企业已初具规模，土壤污染治理相关管理及方法体系也日趋完善，土壤修复行业产业化发展趋于上升态势。

经过多年的实践，我国在土壤修复技术研发方面取得长足的进步，但在技术应用方面仍然存在"照搬照套"问题，没有因地制宜、因需治理，标准化程度不足，推广方面仍存在困难。

1.4.2 土壤污染修复技术的发展趋势

土壤生态环境保护关系米袋子、菜篮子、水缸子安全，关系美丽中国建设。"十四五"时期是开启全面建设社会主义现代化国家新征程、向第二个百年奋斗目标进军的第一个五年，为深入打好污染防治攻坚战，切实加强土壤生态环境保护，国家及地方相继出台场地污染防治的法律法规、相关政策及指导性文件，工业场地污染防治工作也受到了各级政府、生态环境部门的高度重视，未来土壤修复技术的发展方向及需求将主要呈现以下特点。

① "风险消除"下，阻断污染扩散和/或暴露途径的安全阻控技术、工程控制措施和制度控制将越来越广泛地应用到土壤修复中。当前，污染地块的修复和管理对策已由早期的"消除污染物"转向了更加经济、合理、有效的"风险消除"。污染地块风险管理强调源-暴露途径-受体链的综合管理，采取安全措施阻止污染扩散和阻断暴露途径是风险管理框架中可行且经济有效的手段。"土十条"治理土壤污染，是一个"大治理"过程，强调的是风险管控。未来，风险管控措施会在我国污染场地修复和管理中占有越来越大的比重。

② 趋向绿色、安全、环境友好的污染土壤修复技术。土壤修复不是盲目的，在实施土壤修复的过程中，应同时考虑环境的可持续发展问题。因此，利用土壤中高效

专性微生物资源的微生物修复技术，利用植物自身的光合、呼吸、蒸腾及其根际圈微生物体系的分泌、吸收、挥发和转化、降解等代谢活动与环境中的污染物和微生态环境发生交互反应的植物修复技术，将是工业场地土壤污染修复技术的主要发展趋势之一。在充分把握土壤性质、温度、pH 和营养条件等土壤环境后，不断开展大量的实验研究，因地制宜，寻找既能有效消除土壤中有毒有害污染物，又能减少对资源的浪费，避免出现二次污染的绿色、安全、环境友好的污染土壤修复技术。

③ 基于设备化的快速污染地块土壤修复技术发展。土壤修复技术的应用在很大程度上依赖于修复设备和监测设备的支撑，设备化的修复技术是土壤修复走向市场化和产业化的基础。开发与应用基于设备化的污染地块土壤的快速修复技术是一种新的发展趋势。

因此，根据土壤污染特征，结合土地利用规划，以资源可持续利用为出发点，综合考虑社会效益、经济效益、生态和环境效益，开展土壤绿色、可持续风险管控与修复，维护土地可持续利用，将是土壤修复和管理未来的发展方向。

 思考题

1. 土壤的颗粒组成及质地分类有哪些？
2. 简述土壤有机质的作用及其生态环境意义。
3. 简述土壤孔隙性和结构性的特点。

第2章

热脱附技术

 ## 学习目标

知识目标

（1）了解热脱附技术的基本原理、处理对象和受影响因素。

（2）掌握几种原位热脱附技术的方法及其应用。

（3）掌握异位热脱附技术的设备组成和技术经济指标分析。

能力目标

（1）能够开展热脱附小试、中试参数设计和优化。

（2）能够开展热脱附现场施工和管理。

素质目标

（1）能全面、正确理解污染防治攻坚战的内涵。

（2）坚定中国特色社会主义信念，坚定道路自信、理论自信、制度自信、文化自信。

 ## 任务导入

【任务1】苏州某化工厂一期项目占地面积约 46000m²。土壤污染状况调查结果显示，主要污染物为苯、氯苯、石油烃等，最大超标倍数 81.8 倍，污染深度达 18m，污染面积约 18000m²，污染土壤量约 280000m³。

对修复技术方案进行比选，根据中试结果，选定了速度快、污染物去除彻底、二次污染小的原位热脱附技术（电热传导）作为主要治理技术。修复后土壤中的苯含量≤0.15mg/kg、氯苯含量≤2.0mg/kg，地下水中苯含量≤0.1mg/L。项目于 2016 年 6 月正式开展。

（1）前期准备

开展土壤污染状况复核，精准建立污染地块模型。地块从调查到修复治理实施间隔有近两年的时间，为了精确掌握间隔期的污染迁移状况，就需要精确掌握污染状况，为准确设计加热系统提供强有力的技术支持。根据调查结果建立了地块污染模型，为加热井、抽提井和监测井的分布设置提供了强有力的数据支持。

根据污染调查及复核数据，运用大数据，结合修复目标和电力条件，对治理过程进行全方位模拟，设计修复方案。

（2）实施过程

历时 3 个月顺利完成 600 余口电极井建设，先后解决了五种电极井专用填料选型、地下特种电缆易损等问题。在国内首次提出将改性氟塑料用于电缆绝缘外皮，成功解决电缆在地下高温、高压和易腐蚀环境中易损等难题，电极井通电率 100%。

为避免污染蒸汽逸散，造成异味散发，将柔性防渗与刚性防渗相结合，在加热治理区表面自下而上依次建设柔性防渗层、等电位层和硬性防渗层，强化汽提效果、减少热量损失和杜绝污染物逸散。经过三重保险覆盖层，等电位层将表面的跨步电压降至 10V 以下，低于 36V 的国家相关标准限值，有效保障作业人员安全。

采用天然气管道作为污染蒸汽的输送管线，并在安装完成后进行压力试验，验证管道安装的密闭性，确保治理过程中输送管线无漏点，污染蒸汽无泄漏。

技术团队在引进的国外核心设备的基础上追求卓越，经过科学设计，开发出自控化程度更高、控压范围更广、更适合我国国情的电力分配和控制系统，成功应用于项目区域内最难处理的原中试区域（污染浓度高、深度深、受过人为扰动），治理效果良好。

历时 3 个月完成了电力控制装备、尾气和废水处理装备等所有设备的安装调试。在设备安装过程中，探索出一套质量控制体系，如采用红、黄、蓝不同颜色标记不同电相，大大提高了动力电缆安装效率，有效避免了因动力电缆数量较多，易接错电相导致短路的情况。

（3）二次污染控制

加热区域整体升温至约 60℃，部分区域达到 100℃以上，现场无明显异味，对周边环境影响小。场界噪声低于 50dB，符合国家相关标准，周边群众接受程度高。

时序控制尾气吸附系统应对尾气冲击负荷，有效解决尾气中污染物浓度波动较大、处理困难、现场异味明显等问题，尾气达标排放；废水达标并纳入市政管网，送至城市污水厂进行后续处理，不直接排放到环境中。

【任务2】广州某地块过去主要生产白砂糖和酒精，此外还生产加工编织袋、中密度纤维板、服装、摩托车零部件等，现规划为居住用地。经调查发现，地块存在部分超标污染土壤，污染物主要是砷、镍、铅、汞、苯并[a]芘、二苯并[a，h]蒽、苯并[a]蒽、苯并[b]荧蒽和茚并[1，2，3-cd]芘。其中有机污染土壤面积430m²，深度为0～1.5m，修复方量为645m³。需对该部分土壤进行清挖、修复、处置，并通过第三方评估单位监测验收合格，达到修复目标值。

有机污染土壤采用异位热脱附技术。采用的是直接热脱附形式，加热设备采用回转窑（图2-1）。根据现场条件，采用天然气作为能源。

图2-1　回转窑

【任务3】广州某地块过去为纺织印染厂，现规划为商业设施用地（B1）、娱乐康体设施用地（B3）、公园绿地（G1）和道路用地（S1）。详细调查阶段共采集了784个土样，其中甲醛最大检测浓度为74.7mg/kg，共9个土样超第二类用地筛选值（36.6mg/kg），最大超标1.0倍。

甲醛污染土壤采取常温解吸修复。修复目标值为36.6mg/kg。修复面积为3263m²，总方量为5178m³，最大开挖深度为7.5m。甲醛污染土壤的预处理、修复、堆置均在微负压车间中进行。

土壤通过allu斗提升至3m高，在自由下落过程中与空气充分接触（图2-2）。翻抛次数为6～7次。为加快甲醛的挥发，提高修复效率，在土壤中加入生石灰，维持土堆温度30℃以上，降低土堆含水率至30%以下。本案例共施加了290t生石灰，添加比例约3%。

图2-2　常温解吸施工过程

甲醛污染土壤通过常温解吸后，经检测达到修复目标，修复效果良好。

2.1 技术介绍

热脱附是通过直接或间接的热交换，对污染土壤加热到一定温度（一般为 150～540℃），使土壤中的污染物蒸发并从土壤中分离的过程。热脱附产生的尾气收集并进行净化处理。

热脱附技术

2.1.1 处理对象

热脱附技术主要用于有机物污染土壤的修复，包括挥发性有机物（VOCs）、半挥发性有机物（SVOCs），如石油烃类（TPH）、多环芳烃（PAHs）、多氯联苯（PCBs）、农药等。此外，热脱附技术还可以用于处理重金属汞（Hg）。

2.1.2 技术优势

通过调节加热系统的床温和加热时间使污染物从土壤中挥发出来，对污染物并不会产生破坏作用。

在高温和有氧条件下，依靠污染土壤自身的热值或辅助燃料，使其焚化燃烧，污染物分解转化为灰烬、二氧化碳和水。

PCBs 及其他含氯化合物在低温热破坏或高温热破坏降温的过程中容易产生二噁英。因此，焚烧产生的烟气需要配置急冷装置处理，使高温气体的温度迅速降低至 200℃ 以下，防止二噁英产生。

热脱附这种非氧化燃烧的处理方式可以显著减少二噁英的产生，尾气处理过程中不需要增加急冷装置。

2.1.3 技术分类

热脱附技术一般有按修复模式分类和按加热温度分类两种分类方式，如图 2-3 所示。

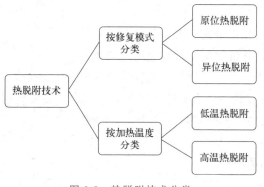

图 2-3 热脱附技术分类

按修复模式可分为原位热脱附（in-situ thermal desorption，ISTT）和异位热脱附（ex-situ thermal desorption，EXTD）。按加热温度可分为低温热脱附和高温热脱附。低温热脱附的加热温度为150～315℃，加热温度高于315℃为高温热脱附。在热脱附技术的应用过程中，加热温度一般最高达到600℃。

2.2　原位热脱附

原位热脱附是向地下输入热能，加热土壤、地下水，促进污染物挥发或溶解。利用真空抽提井对气相/液相的污染物进行抽提，通过冷凝分离，再对提取出的气体和液体分别进行无害化处理，最后达标排放。

原位热脱附技术

原位热脱附主要适用于难以实施异位修复工程的污染区域，如深层污染区域和位于建筑物下面的污染区域。如图2-4所示，任务1地块位于居民区旁，地块中间还有河涌穿流过境，采用原位热脱附的处理模式是合适的。

(a)

(b)

图2-4　原位热脱附工程沙盘图（a）和实景图（b）

原位热脱附效果主要受土壤特性（土壤质地、水分含量）和污染物特性（污染物浓度、污染物沸点）影响。

① 土壤质地：砂土土质疏松，对液体物质的吸附及保水能力弱，受热均匀，故易热脱附。

② 水分含量：水分含量高，所需热量大。

③ 污染物浓度：有机物浓度过高会增加热值。

④ 污染物沸点：根据污染物沸点选择热脱附系统的温度范围。

原位热脱附加热方式主要有6种（图2-5）。其中，热传导加热、电阻加热和蒸汽强化抽提应用较广泛。

2.2.1　热传导热脱附

热传导热脱附是热量通过传导的方式由热源传递到污染区域从而加热土壤和地下

水的处理过程。可以通过电能直接加热的方式对加热井进行加热，也可以通过燃气等能源产生的高温热烟气等介质对加热井进行加热。加热温度最高可达 750～800℃。

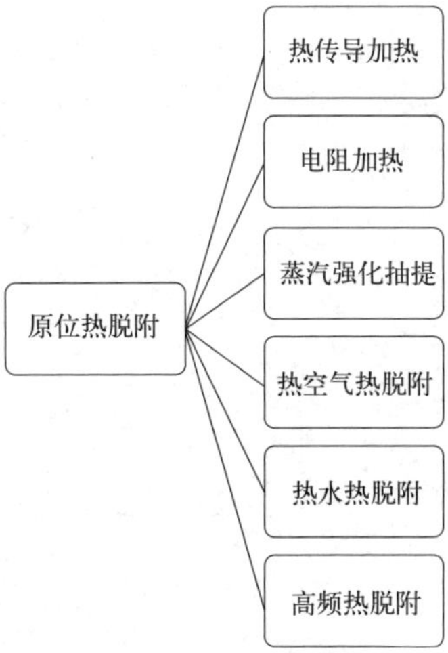

（1）技术特点

由于热传导加热技术的加热温度通常在水的沸点以上，当地下水流速较大（大于 10^{-4} m/s），影响到修复区域加热时，应采取地下水控制措施。

阻隔控制可在修复地块边界外布设止水帷幕等阻隔设施。降水方式可采用井点降水或井管降水等，两种方法可结合使用。抽出的污染地下水输送至污水处理站进行处理。

（2）技术适用性

热传导热脱附适用于沙质土、黏性土和岩石质土，可用于处理 VOCs 和 SVOCs 污染土壤。

（3）热传导加热系统

① 加热井/抽提井布设　加热井根据地块污染特征布置，一般采用正六边形（图 2-6）或正三角形（图 2-7）布局。

抽提井可设置在以加热井为顶点构成的正六边形或正三角形的中心位置。

加热井和抽提井的数量比例宜在（4∶1）～（1∶1）之间。

有效加热和抽提范围应在水平及垂直方向上完全覆盖目标修复区块边界，并适度扩展，以确保达到修复效果。

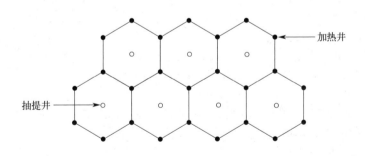

图 2-6　正六边形加热井/抽提井布设示意图

a. 加热井构造。常用的供热能源有燃气和电，根据现场及周边能源供应条件确定。常用的燃气包括天然气、液化石油气、丙烷、柴油等。加热井构造如图 2-8 所示。

通常选择不锈钢、耐腐蚀合金等作为加热井套管的材质。

b. 抽提井构造。抽提井包括垂直抽提井和水平抽提井，如图 2-9 所示。垂直抽

图 2-5　原位热脱附加热方式

原位热脱附
- 热传导加热
- 电阻加热
- 蒸汽强化抽提
- 热空气热脱附
- 热水热脱附
- 高频热脱附

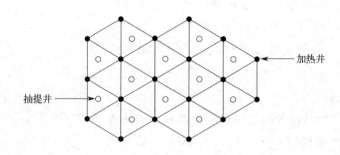

图 2-7 正三角形加热井/抽提井布设示意图

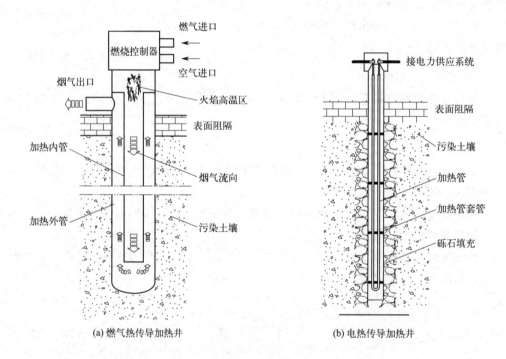

(a) 燃气热传导加热井   (b) 电热传导加热井

图 2-8 加热井构造示意图

提井由井口保护装置、井管、滤网和滤料构成。筛孔的位置根据污染深度设置井管。水平抽提井设置在包气带，通常在地表以下 0.5m 以内。

② 监控井/点

a. 地下温度监测点：可安装在加热井内，也可安装在加热井之间。宜在加热井的远点、冷点位置设置温度监测点。纵向上监测点的设置间隔应保证每个点位上有3～10 个监测点，数量应能满足修复地块的地下土层性质和类型的要求。

b. 地下压力监测点：可安装在加热井、抽提井的井口或井管内，也可安装在加热井和抽提井之间。宜在加热区域内高温高压点及低温低压点等位置设置压力监测点。

③ **表面阻隔** 阻隔材料应具有良好的隔热及防渗性能。一般从下至上依次为防

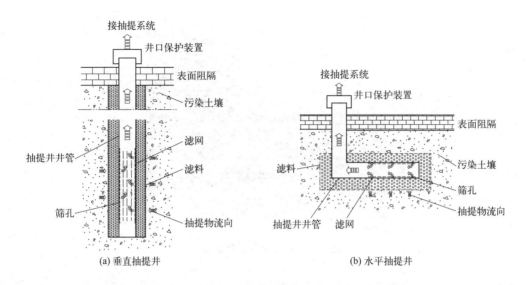

图 2-9　抽提井结构示意图

渗层和混凝土层。混凝土层的厚度一般在 10～60cm。表面阻隔处理后，热脱附过程中地表温度应不高于 60℃。水平表面阻隔层面积应大于抽提处理区域，如图 2-10 所示。

图 2-10　表面阻隔实景图（任务 1）

2.2.2　电阻热脱附

土壤是天然的导体。电阻加热是将电流通过污染区域，通过电流的热效应加热土壤和地下水的处理过程，也称为电流加热。图 2-11 是任务 1 电阻热脱附施工现场。

（1）技术特点

① 土壤含水率　由于土壤的电阻率较水低，土壤的含水率宜保持在 20% 以上。

图 2-11 电阻热脱附施工现场

根据水文地质条件设置补水单元，可考虑回用水作为补充水源。

② 加热温度　水的沸点为 100℃，超沸状态下最高土壤加热温度约 120℃。

（2）技术适用性

① 土质适用性　适用于沙质土、黏性土；因岩石质土壤的电阻率更低，不适用于大部分岩石质土壤。

② 有机物性质适用性　由于加热温度受限，仅适用于挥发性有机物处理。

（3）电极井的构造

电阻加热的加热单元为电极井，由电极、电缆、填料和补水单元等组成，构造如图 2-12 所示。

电极宜采用具有良好导电性、耐腐蚀性的金属/非金属材料。

在电极和井壁之间宜设置导电填料，增强电极井的导电性，可选用石墨和不锈钢球等。

2.2.3　蒸汽热脱附

蒸汽热脱附是通过将高温水蒸气注入污染区域，加热土壤、地下水，从而强化目标污染物抽提效果的处理过程。

（1）技术特点

蒸汽热脱附不仅可以使土壤或地下水中有机物黏度降低，加速挥发，释放有机物，而且可以使一些污染物结构发生断裂等化学反应。其技术特点主要有：

① 热蒸汽从注射井中喷出，呈放射状扩展；

② 受土壤扩散系数影响大；

③ 常压下水蒸气的温度是 100℃，因此最高土壤加热温度为 100℃。

（2）技术适用性

仅适用于砂质土壤；由于蒸汽注入时带有压力，可以阻止地下水进入加热系统，

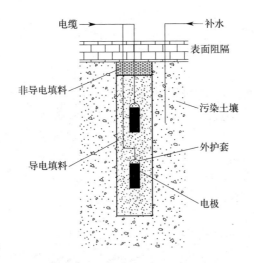

图 2-12　电极井构造示意图

适用于地下水流动且土质均匀的砂质土壤中。

在土壤饱和区中，蒸汽使污染物向地下水中转移，从而通过对地下水的抽提实现对污染物的回收；在通气区域，则是通过对气态挥发物的气相抽提进行污染物回收。

蒸汽强化抽提技术的加热温度通常不超过 170℃。为保证蒸汽传输和加热效果，土壤的渗透系数宜在 10^{-4} cm/s 以上。

（3）蒸汽注入井的构造

蒸汽注入井为底部密封、开筛的不锈钢井管，构造如图 2-13 所示。

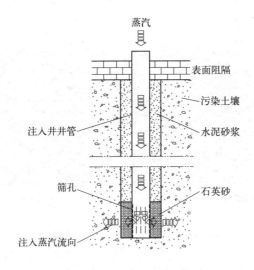

图 2-13　蒸汽注入井构造示意图

2.3 异位热脱附

异位热脱附是将污染土壤从地块中发生污染的位置挖掘出来，转移或搬运到其他场所或位置，采用加热处理的方式将污染物从污染土壤中挥发去除的过程。其工艺流程如图 2-14 所示。

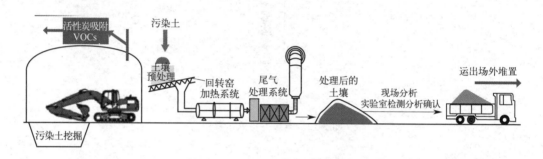

图 2-14 异位热脱附工艺流程

2.3.1 技术分类及其适用性

异位热脱附根据加热形式的不同，可以分为直接热脱附和间接热脱附。直接热脱附是热源通过直接接触对污染土壤进行加热；间接热脱附是热源通过热传导或加热介质间接对污染土壤进行加热。其设备 异位热脱附技术如图 2-15 所示。

(a) 直接热脱附设备(任务2)

(b) 间接热脱附设备

图 2-15 异位热脱附设备——回转窑

有机污染土壤浓度低且修复方量较大时，采用直接热脱附工艺；有机污染土壤修复方量较小时，采用间接热脱附工艺；汞污染土壤采用间接热脱附工艺。

2.3.2　工艺流程

异位热脱附主要包括挖掘、预处理、热脱附和尾气处理四个工艺模块。

（1）挖掘

异位热脱附施工首先要进行开挖。对地下水位较高的场地，挖掘时需要降低水位使土壤湿度符合处理要求；挖掘深度较深时，需要采取相应的基坑支护措施（图 2-16）；挖掘时为防止污染物挥发，需要搭建临时大棚。

图 2-16　土壤开挖基坑支护措施（任务 3）

（2）预处理

对挖掘后的土壤进行适当预处理，使物料满足热脱附系统运行要求。为防止污染物挥发，预处理同样需要在临时大棚内进行。

① 分选　采用分选或分拣方式去除污染土壤中砖瓦、石块、木块、铁块等杂质。

② 脱水　采用晾干、添加脱水剂（如生石灰）等方式降低土壤含水率。添加脱水剂施工过程如图 2-17 所示。黏性土可选择加入调理剂（如生石灰）或与低塑性指数土壤混合等方式降低黏性。

图 2-17　土壤添加脱水剂施工过程

③ 破碎、筛分 土壤颗粒度过大会造成能耗过高，热传导时间增长。因此，采用破碎、筛分降低土壤的粒径。土壤破碎和筛分设备见图 2-18。

(a) 破碎机　　　　　　　　　　(b) 筛分机

图 2-18　土壤破碎和筛分设备

④ 输送 土壤通过输送设备（图 2-19）进入热脱附处理设施。

(a) 皮带输送机　　　　　　　　(b) 螺旋输送机

图 2-19　土壤输送设备

预处理应达到的效果如表 2-1 所示。

表 2-1　异位热脱附预处理效果一览表

指标		限值
有机物含量	直接热脱附	≤4%
	间接热脱附	≤60%
含水率		≤30%
颗粒大小		≤5cm
pH		≥4
塑性指数		<10

（3）热脱附

① 运行参数　根据目标污染物的特性，热脱附设施需要调节合适的运行参数。主要参数包括温度和停留时间。不同污染土壤的停留时间及出料温度如表 2-2 所示。

表 2-2　不同污染土壤的停留时间及出料温度

污染物类型	停留时间/min	出料温度/℃
挥发性有机物	10～20	100～200
半挥发性有机物	10～30	150～500
有机农药类	10～40	300～650
多氯联苯、多溴联苯和二噁英类	30～60	300～600
石油烃类	10～30	150～600
汞	20～60	200～600

② 能源形式　热脱附使用的能源有电、燃气、燃油等多种形式。

③ 设备形式　直接热脱附热处理设备宜选择回转窑，回转窑的长径比宜控制在 （5∶1）～（10∶1），斜率宜控制在 1.3%～5.6%。间接热脱附热处理设备宜选择回转窑或螺旋推进式热脱附炉。螺旋推进式热脱附炉壳体宜采用耐磨材质，须具备抗卡阻能力，防止被输送物料中存在的杂质造成卡死。

直接式回转窑

④ 热脱附设施的启动与关停

a. 热脱附设施的启动。热脱附设施启动前，须先开启引风机 10～20min，排空设施内存留的可燃气体；热处理设备和二次燃烧室启动时宜采用控制燃料流量的方法，逐渐升温到设定温度；升温过程中热处理设备应保持旋转，转速宜控制为 1～5r/min，避免局部受热导致变形；须在热脱附设施达到预定工况后再开始进料，宜采用由少到多的原则，避免系统参数出现较大波动。

b. 热脱附设施的关停。热脱附设施关停时需先停止进料，待土壤出料完毕后，方可停止燃料供应。热处理设备温度降低至 100℃后，方可停止旋转。

（4）尾气处理

① 直接热脱附尾气处理　直接热脱附宜采用二次燃烧法处理烟气，工艺流程如图 2-20 所示。

二次燃烧法主要包括旋风除尘、二次燃烧、降温、袋式除尘、喷淋净化等工艺环节。

二次燃烧室的温度应大于 850℃，热脱附烟气的停留时间应大于 2s，含二噁英的烟气宜在 1100℃以上至少停留 2s。

烟气经二次燃烧处理后应进行降温，降温可采用换热器回收热量。

易产生二噁英的烟气应设置急冷装置，使烟气在 1s 内降到 200℃以下。急冷后的烟气应先喷入活性炭，再通过袋式除尘器去除二噁英等污染物。在喷入活性炭之前也

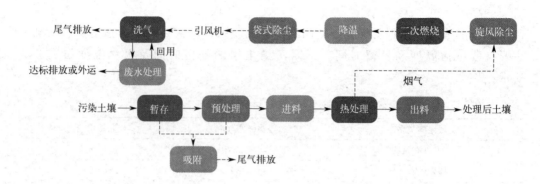

图 2-20　污染土壤直接热脱附修复工程典型工艺流程

可选择喷入氧化钙或氢氧化钙粉，吸收烟气中的酸性物质和过量水分。

　　烟气可采用碱性溶液洗气脱酸，碱性溶液浓度一般为 2%～10%，应由专门的配制系统提供，洗气装置可采用喷淋塔。

　　② 汞污染土壤间接热脱附尾气处理　采用间接热脱附修复汞污染土壤宜采用冷凝-吸附法处理烟气，工艺流程如图 2-21 所示。

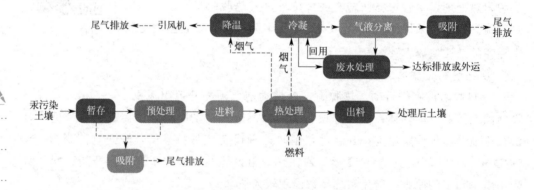

图 2-21　汞污染土壤间接热脱附修复工程典型工艺流程

　　冷凝-吸附法一般包括冷凝、气液分离、吸附等工艺环节。

　　冷凝采用直接或间接换热，设备可选择喷淋塔、板式或列管式换热器等。冷却介质可选择水或冷却液。冷凝器后应配置气液分离设备，以降低不凝气中的液体含量。

　　气液分离可采取捕雾法，可采用折流板、丝网等。冷凝器和气液分离设备内应配置有液体收集及输送装置，确保冷凝液及时排出。

　　气液分离后的烟气可采用活性炭、分子筛等吸附净化。含汞烟气应冷凝至 4℃ 以下，再采用吸附法去除。

　　③ 有机污染土壤间接热脱附尾气处理　采用间接热脱附修复有机污染土壤，宜采用冷凝-吸附-二次燃烧法处理烟气，工艺流程如图 2-22 所示。

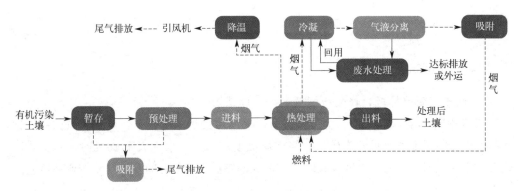

图 2-22 有机污染土壤间接热脱附修复工程典型工艺流程

2.4 常温解吸

常温解吸是常温条件下，在密闭系统内，利用翻抛作业设备对污染土壤进行人为扰动和翻抛，增大污染土壤与空气的接触面积，从而增加孔隙率。在良好的通透性条件下，利用抽气系统，使吸附于土壤中的污染物在浓度梯度的驱动下挥发进入空气中。气体经收集处理后达标排放。

常温解吸
修复技术

2.4.1 工艺流程

常温解吸工艺流程见图 2-23。密封的运输车将污染土壤运至常温解吸系统内，将污染土壤倾倒至规定位置上堆积成条垛状；大棚温度保持在一定范围内，利用翻抛作业设备降低土壤含水率、增加土壤通透性，污染物挥发至空气中；土壤经检测达到相应的修复目标值后运至临时堆放场堆存，进行最终处置（回填或外运）。

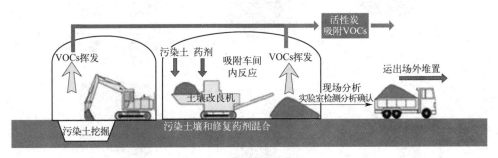

图 2-23 常温解吸工艺流程

2.4.2 适用条件

① 温度条件 通常只要求室温或比室温稍高。

② 污染物性质　适合处理低浓度、易挥发的有机污染物。

2.4.3　技术优点和局限性

① 优点　简单易行，修复费用低，修复周期短。

② 局限性　存在较大的二次污染风险；适用污染物范围较窄，对于沸点较高、饱和蒸气压低的污染物解吸效率较低；当土质黏度较高、含水率大于 25％时，施工难度较大；当环境温度较低、湿度较大时，处理效率较低，修复时间长；修复作业环境差。

2.4.4　大气环境监测

常温解吸系统宜在负压密闭大棚内进行作业，废气须经有效处理后达标排放。在施工时尽量缩减施工作业面，采用覆膜和喷雾等方法减少异味产生。须加强废气排放口及修复区域周边大气环境监测。

采用便携式光离子检测仪（PID）测试进行日常监测。定期在场界周边敏感点使用采样器进行采样检测。敏感点采取 24h 在线监测，确保大气环境质量达标。

2.4.5　人员防护

常温解吸施工过程中应注意职业健康安全防护，可采取正压式空气呼吸器、长管呼吸器、防毒面具、活性炭口罩等方式进行防护，并穿好防护服，现场安装有毒有害气体自动报警仪（图 2-24）。

(a) 活性炭口罩　　　　(b) 防毒面具　　　　(c) 防护服

(d) 正压式空气呼吸器　　(e) 长管呼吸器　　(f) 有毒有害气体自动报警仪

图 2-24　人员防护仪器、工具

2.5 膜结构大棚

土壤修复施工过程中,通过膜结构大棚(图 2-25)营造的密闭空间,使大面积敞开式作业区产生的污染气体由原有的无组织排放变为有组织排放,避免在露天环境下产生二次污染。排放的气体经处理后达到相应排放标准。

膜结构大棚

图 2-25 膜结构大棚

膜结构大棚还可以减少降水下渗导致的地下水污染;减少施工区域扬尘,改善施工作业环境。

膜结构大棚附属设施主要包括进出口系统和尾气净化处理系统。

① 进出口系统 进出口系统要保证与膜面紧密连接,达到无泄漏要求。为保证密闭效果,一般在进出口设置两道门,车辆从第一道门驶入大棚的连廊通道后即关闭,再打开里面第二道门,车辆由连廊通道行驶进大棚内,如图 2-26 所示。

② 尾气净化处理系统 由管道、离心风机、尾气处理装置和排风烟囱组成,如图 2-27 所示。

进出口连廊

图 2-26 进出口系统

土壤修复工程使用的膜结构大棚主要有充气膜大棚和骨架膜大棚。

图 2-27 尾气净化处理系统

2.5.1 充气膜大棚

充气膜大棚（图 2-28）是一种内部无梁无柱，无钢架支撑，仅以空气为支撑的大跨度结构体系。充气膜内部为正压环境，内压为 250～300Pa。早期使用较多。

图 2-28 充气膜大棚

（1）优点

① 建造速度快 内部无梁无柱，安装便捷，尤其适合对工期要求比较紧的土壤修复项目。

② 拆卸方便 拆卸后的膜体可轻松打包、运输，并重复使用。

③ 综合造价低 一般来说，充气膜修复棚面积越大，每平方米综合造价越低，尤其适合大面积的土壤修复大棚。

④ **跨度大** 以空气为支撑，轻松营造无梁无柱的巨大空间，跨度可达到100m，方便大型机械自由进出作业。

（2）缺点

充气膜大棚是一个相对密闭的空间结构，内部结构是正压自然环境。在密封性处理不佳的情况下，废气容易散逸，造成二次污染。

2.5.2 骨架膜大棚

骨架膜大棚（图2-29）是负压形式的密闭大棚，在土壤修复工程二次污染控制要求越来越严格的情况下，使用越来越广泛。大棚内负压设定范围为−5～−50Pa。骨架膜大棚是在钢骨架上覆盖膜材料。膜材料一般采用聚偏氟乙烯（PVDF）材料。大棚高度一般为5～8m，跨度15～40m。

图 2-29　骨架膜大棚

（1）优点

① **经济性好** 可拆装多次，循环利用，膜材和钢材部分均可重复利用；拆装方便快捷。

② **密封性好** 钢骨架支撑，柔软膜材料覆盖，可实现膜材料与钢结构完全贴合，也可最大限度将臭气、灰尘等完全密封在内，避免二次污染。

③ **透光性好** 采用专用环保膜布，透光率在7％～20％范围内，保证了施工机械作业时的充足光线。

（2）缺点

现场安装受天气因素影响较大，预制好的钢构件需要现场安装，比较耗费时间。

2.6 实训项目 有机污染土壤热脱附

2.6.1 实训目的

① 掌握有机污染土壤热脱附技术的基本原理、操作流程和实施方法。
② 了解热脱附处理效果的影响因素。

2.6.2 仪器与材料

（1）实训仪器

马弗炉、便携式光离子化检测仪 PID（精度 1×10^{-9}）、坩埚、天平、研钵、研磨棒、玻璃棒。

（2）实训耗材

土壤、重柴油。

2.6.3 实训内容及操作步骤

（1）有机污染土壤的制备

取土壤 500g，剔除石块、树根等杂质，放入研钵中捣碎。加入 25g 重柴油，并用玻璃棒搅拌均匀。

用 PID 对制备好的有机污染土壤进行测定，记录数据。建议同时用鼻子嗅探，感受污染程度。

（2）有机污染土壤的处理

污染土壤分为 5 份，每份约 100g，分别放入 5 个坩埚中，盖子半闭。1 个坩埚（0#样品）放在室内，其余 4 个坩埚（1#～4#样品）放入马弗炉，并按表 2-3 设定温度和时间。

表 2-3 加热条件一览表

样品编号	设定温度/℃	设定时间/h
1#	180	0.5
2#	180	1
3#	350	0.5
4#	350	1

（3）处理后土壤有机物的快速检测

将处理后的土壤分别用 PID 进行测定，记录数据。

2.6.4 实训记录与数据分析

（1）实训记录

填写实训记录表（表 2-4）。

表 2-4 实训记录表

样品编号	处理前 PID 测试值	处理后 PID 测试值	嗅探描述
0#			
1#			
2#			
3#			
4#			

（2）数据分析

_____

_____

_____

2.6.5 思考

（1）热脱附加热温度怎么定？

（2）热脱附尾气如何处理？

思考题

1. 查找技术规范等资料，绘出原位热脱附各加热方式可达到的最高温度。

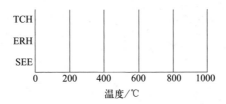

注：图中 TCH 为热传导加热，ERH 为电阻加热，SEE 为蒸汽强化抽提。

2. 原位热脱附三种加热方式分别有不同的适用条件，查找技术规范等资料，在适用的条件下打√。

技术名称	土壤性质			污染物性质	
	砂质土	黏性土	岩石质土	半挥发性有机物	挥发性有机物
热传导热脱附					
电阻热脱附					
蒸汽热脱附					

第 3 章

化学氧化技术

 学习目标

知识目标

(1) 掌握应用化学氧化技术修复土壤污染的原理。

(2) 了解化学氧化技术用于土壤修复的影响因素。

(3) 熟悉原位、异位化学氧化技术的系统组成。

能力目标

(1) 能够区分不同氧化剂在土壤修复中的适用对象。

(2) 能够理论联系实际、学以致用，在实际修复作业中能正确选择化学氧化修复技术及药剂投加方式。

素质目标

(1) 履行道德准则和行为规范，培养社会责任感和社会参与意识。

(2) 具有质量意识、安全意识、信息素养和创新思维。

任务导入

某地块过去为化工厂，规划土地性质为二类居住用地（R2），占地面积24778.019m²。污染土壤修复面积7519m²，修复深度0～18.0m，修复污染土方量为39764m³，其中重金属污染土方量为180m³，有机物污染土方量为39584m³，无复合污染。地下水修复面积为12870m²，平均修复深度为10.68m。

本地块目标污染物及修复目标值：石油烃826mg/kg，汞8mg/kg，苯1mg/kg，1,2-二氯乙烷0.52mg/kg，1,2-二氯丙烷1mg/kg，氯乙烯0.12mg/kg，乙苯7.2mg/kg，1,1-二氯乙烷3mg/kg。地下水修复范围位于第一含水层，目标污染物及修复目标值：①1,1-二氯乙烷4130μg/L；②苯811μg/L；③1,2-二氯丙烷366μg/L；④氯乙烯275μg/L；⑤1,2-二氯乙烷941μg/L。

地块紧邻居民区，环境敏感性是修复技术筛选时需要考虑的一个重要因素。选择能够尽量避免或者减轻异味、恶臭、扬尘、噪声等对环境敏感点群体造成影响的技术。

由于本项目有机污染物具有易挥发、迁移性强、毒性大等特点，开挖会造成异味、恶臭，危害周边居民健康。此外，土壤污染深度大，土方量大，不宜开挖。因此，土壤污染修复选择对土体扰动较小的原位修复模式。地下水方面，第一含水层土质主要为淤泥质土，渗透系数较低，地下水难以抽提，异位修复效率较低，耗时较长，无法满足本项目工期要求，因此，地下水污染区域同步采用原位修复模式。

针对地块有机污染土壤区域、有机污染土壤与地下水重叠区域及地下水污染区域修复，均采用原位化学氧化工艺。根据化学氧化技术研发成果和工程实施经验，采用氢氧化钠和活化过硫酸盐（活性）复合药剂，同时，对于修复区域部分污染程度重、污染物种类多的区域还将适当增加药剂浓度或二次注药。投药方式采用高压旋喷搅拌。

定期对修复过程中的土壤进行检测，可通过土壤直接采样监测或通过地下水采样间接监测的方式，待修复区域内任一点土壤均检测达标后申请验收；若局部区域检测不合格则进行强化修复治理，直至检测达标。

3.1 技术介绍

化学氧化技术

化学氧化技术主要根据土壤或地下水中污染物的类型和属性选择适当的氧化剂，将制剂注入土壤或地下水中，利用氧化剂与污染物之间的氧化反应将污染物转化为无毒无害物质或毒性低、稳定性强、移动性弱的惰性化合物，从而达到对土壤净化的目的。

3.1.1 应用范围和技术优缺点

化学氧化技术主要适用于处理石油烃、苯系物（苯、甲苯、乙苯、二甲苯等）、酚类、甲基叔丁基醚、含氯有机溶剂等污染物。一般不适用于重金属污染土壤修复。

优点是能够对污染物进行有效降解，且反应所产生的热量能够使土壤中的一些污染物和反应产物挥发或变成气态逸出，再进行气体收集和去除。

缺点是可能会产生有毒有害的中间产物；药剂残留存在一定的隐患；药剂使用不当可能产生安全问题；会使土壤生物量减少或影响重金属存在形态。

3.1.2　应用特点

化学氧化技术可以原位应用，也可以异位应用。

原位化学氧化技术氧化剂原位注入，污染土壤中的污染组分与化学氧化剂接触后发生氧化分解反应，从而达到修复的目的。原位修复主要应用于污染物埋深较大、不易开挖的区域。

异位化学氧化技术，首先要将污染土壤预处理并从污染区域清理到特定的场所或装置，再使用器械设备将污染土壤和氧化剂混合搅拌均匀以达到修复目的。

应用特点如表 3-1 所示。

表 3-1　原位/异位化学氧化技术应用特点一览表

修复技术	修复周期	参考费用	优势及局限性	污染防治重点
原位化学氧化技术	中等	主要费用组成：修复药剂费、设备费、过程监控及二次污染防治费用等。处理成本：中等至较高	优势：无须进行开挖，国内多地有一定应用。局限性：修复效果不确定性相对较大，可能出现污染"反弹"和局部污染区域修复不彻底的问题；对于以黏性土壤为主的污染地块，修复效果较差	①清挖、运输过程中做好控制，防止扬尘与挥发性有机物污染；②相较于其他技术，化学氧化技术二次污染较低，但预处理、修复等环节应做好密封措施，防止异味逸散；③需关注降解过程的次生污染物问题；④应选用环境友好型的药剂
异位化学氧化技术	中等	主要费用组成：开挖费、运输费、预处理费、修复费及养护费等。处理成本：中等	优势：技术成熟，国内应用较广泛；处理工艺简单；适用污染物范围较广	①需关注降解过程的次生污染物问题；②选用环境友好型药剂

3.1.3　受影响因素

（1）土壤结构

化学氧化的过程就是氧化剂和污染物相互接触、反应的过程。因此，化学氧化在砂性土中的应用效果要比黏性土中好。此外，原位化学氧化过程中，非均质土壤会形成优先流入通道，使注入的氧化剂难以到达预定位置。

（2）土壤渗透性

土壤的渗透性越高，化学氧化的效果越好。与低渗透性土壤相比，高渗透性土壤中的氧化剂分布得更好、更均匀。

（3）土壤消耗的氧化剂

土壤中含有腐殖酸和还原性金属，这些物质会消耗氧化剂。影响化学氧化效果的重要参数包括土壤有机质含量、化学需氧量（COD）和天然土壤需氧量（NOD）。因此，在施工之前应通过小试试验来确定土壤有机物消耗氧化剂的量。

3.2 常用化学氧化药剂

使用化学氧化技术进行土壤污染修复时可以根据实际情况选择不同的氧化剂，如高锰酸盐、臭氧、芬顿试剂、过硫酸盐等。

3.2.1 高锰酸盐

(1) 氧化剂特性

高锰酸盐又称为过锰酸盐，是所有阴离子为高锰酸根离子（MnO_4^-）的盐类的总称，其中锰元素的化合价为 +7 价。通常高锰酸盐都具有氧化性，与有机物反应产生 MnO_2、CO_2 和中间有机产物。

土壤修复使用较多的是高锰酸钠和高锰酸钾。

高锰酸钠的优点是能够以溶液的方式供给，通常是 40% 浓度的溶液，其重金属和杂质浓度较低。

高锰酸钾的价格相对便宜，溶解度比高锰酸钠低（表 3-2）。高锰酸钾来自矿石，一般钾矿都伴随砷、铬、铅等重金属，使用时要注意避免二次污染。

表 3-2　高锰酸钾简介

中文名称	高锰酸钾	化学品类别	无机盐
外文名称	potassium permanganate	管制类型	易制毒、易制爆
别名	灰锰氧、过锰酸钾、PP 粉	储存条件	密封阴凉储存
化学式	$KMnO_4$	熔点	240℃
分子量	158.03	密度	2.7g/cm³
外观	深紫色细长斜方柱状晶体,有金属光泽	水溶性	6.38g/100mL(20℃)

(2) 应用特点

锰是地壳中储量丰富的元素，MnO_2 在土壤中天然存在。因此向土壤中注入高锰酸盐，反应产生的 MnO_2 性质稳定，环境风险较低，缺点就是会降低土壤渗透性，影响土壤结构。

高锰酸盐能分解污染土壤中出现的双键化合物，如四氯乙烯（PCE）及其降解产物。另外，高锰酸盐氧化剂在土壤中的稳定性高，能维持反应数周，持续分解污染物。

高锰酸盐的氧化性弱于臭氧、过氧化氢等其他氧化剂，难以氧化降解苯系物、甲基叔丁基醚（MTBE）等常见的有机污染物，但是有 pH 值适用范围广，氧化剂持续生效，不产生热、尾气等优点。

3.2.2 臭氧

（1）氧化剂特性

臭氧（O_3）又称为超氧，是氧气（O_2）的同素异形体，在常温下，它是一种有特殊臭味的淡蓝色气体。其基本信息如表 3-3 所示。臭氧主要分布在 10～50km 高度的平流层大气中，极大值在 20～30km 高度之间。在常温常压下，臭氧稳定性较差，可自行分解为氧气。

臭氧是一种强氧化剂，其标准氧化还原电位为 2.07V，对有机物有较强的氧化作用。它通常可直接攻击有机物分子中的不饱和键，形成一系列加氧中间产物，并最终使其氧化降解为 CO_2 和 H_2O。

表 3-3 臭氧基本信息

中文名称	臭氧	特性	强氧化性
外文名称	ozone	外观	常温下淡蓝色气体
别名	超氧	熔点	−192℃
化学式	O_3	密度	2.14g/L(0℃,0.1MPa)
分子量	47.9982	水溶性	1 体积水溶解 0.494 体积臭氧

（2）应用特点

土壤修复过程中，臭氧可以直接通过管道注入污染土层中，也可以溶解在水中注入。臭氧活性非常强，具有腐蚀性，应用时需就地生成。

气态的臭氧易于在土壤和地下水中进行输送，其扩散速率一般比液态氧化剂的扩散速率要大。臭氧分解产生的氧气有利于有机污染物的微生物降解，因此可以与生物通风等技术结合应用来修复污染地块。

3.2.3 芬顿试剂

（1）氧化剂特性

芬顿试剂是在过氧化氢的基础上发展起来的，是由过氧化氢和亚铁离子组成的具有强氧化性的体系，主要通过过氧化氢与亚铁离子在酸性条件下反应生成羟基自由基（·OH）来降解有机污染物。

芬顿催化
氧化技术

芬顿试剂的特点主要有：氧化能力强；过氧化氢分解成羟基自由基的速度快，氧化速率高；处理过程中不引入其他杂质。

（2）应用特点

芬顿试剂中的二价铁作为催化剂，可以采用两种方式添加到土壤中。在传统芬顿试剂中，二价铁以硫酸铁溶液的形式添加，同时必须用强酸酸化土壤，以使二价铁继续以离子形式存在。在应用改性芬顿试剂时，铁与有机络合剂一起添加。这种情况下不必对土壤进行酸化。同时，这种添加方式能够降低重金属迁移风险。

芬顿试剂在使用时一般稀释成浓度5％～15％的溶液。芬顿试剂进入土壤后，快速分解为水蒸气和氧气，并放出热量，所以要采取特别的分散技术避免氧化剂的失效。

需要注意的是，芬顿催化氧化技术如使用到酸溶液，修复过程可能会改变土壤结构；羟基自由基的氧化无选择性，土壤中的有机质也会被氧化，从而导致土壤肥力下降。

3.2.4 过硫酸盐

(1) 氧化剂特性

过硫酸盐主要包括过一硫酸盐和过二硫酸盐。过一硫酸盐的主要来源为过一硫酸氢钾复合盐，与过二硫酸盐不同的是，过一硫酸盐为不对称结构，更易于被活化生成硫酸根自由基。但由于过一硫酸盐为复合盐，杂质相对较多，且产生的活性自由基成分相对较少，所以在实际应用中过二硫酸盐更具备竞争力。

过硫酸盐常温常压下为白色晶体，65℃熔化并分解，有强吸水性，极易溶于水，热水中易水解，在室温下慢慢地分解，放出氧气。过硫酸盐具有强氧化性，氧化还原电位接近O_3，常用作强氧化剂，有广泛的pH应用范围。过硫酸盐主要有过硫酸铵、过硫酸钠、过硫酸钾等，由于钾盐溶解度有限，而铵盐易挥发，所以一般钠盐选用相对较多。

过硫酸钠也叫高硫酸钠，外观是白色结晶状粉末，无臭。能溶于水，具有氧化性及刺激性。其基本信息如表3-4所示。

表 3-4 过硫酸钠简介

中文名称	过硫酸钠	外观	白色晶体或粉末
外文名称	sodium persulfate	危险性描述	O,Xn
别名	高硫酸钠	水溶性	可溶，549g/L(20℃)
化学式	$Na_2S_2O_8$	熔点	低于熔点在180℃分解
分子量	238.104	密度	$1.1g/cm^3$(20℃)

(2) 应用特点

过硫酸盐有两种形态，即非活化态与活化态。非活化过硫酸盐是一种温和的氧化剂，不能用于土壤修复。活化后的过硫酸盐产生强氧化性的硫酸自由基（·SO_4^-）。活化方法主要有以下4种。

① 光活化 主要利用紫外线照射，使过硫酸根离子中的双氧键断裂，生成具有高氧化性的硫酸根自由基。

② 热活化 加热条件下，过硫酸根离子中的双氧键断裂，产生硫酸根自由基。

③ 过渡金属活化 过渡金属（Cu、Fe、Mn、Ni、Zn等）可以通过电子转移活化过硫酸盐，产生硫酸根自由基。

④ 碱活化 添加氢氧化钠，利用氢氧根离子活化过硫酸盐产生硫酸根自由基。

过硫酸盐可用于分解多种污染物。其活化后产生的硫酸根自由基不仅具有较高的氧化还原电位，而且具有寿命长、水溶性好、不易挥发等特性。因此，活化过硫酸盐在土壤修复中的应用越来越受到关注。

3.3　原位化学氧化

3.3.1　系统组成

原位化学氧化由氧化剂制备系统、氧化剂注入系统及监测系统等组成。其中，氧化剂注入系统包括氧化剂储存罐、氧化剂注入泵、氧化剂混合设备、氧化剂流量计和压力表等。

氧化剂通过注入井注入污染区，注入井的数量和深度根据污染区的大小与污染程度进行设计。在注入井的周边及污染区的外围还应设计监测井，对污染区的污染物和氧化剂的分布与运移进行修复过程中及修复后的效果监测。此外，适当设置抽水井，可以促进地下水循环以增强混合，有助于快速处理污染范围较大的区域。

3.3.2　氧化剂注入方法

化学氧化修复过程中，氧化剂以固态、液态或气态的方式注入污染土壤中，氧化剂在地下水流动、渗透及重力或浮力的作用下扩散并覆盖污染区域，进而与污染物接触并氧化破坏污染物，达到修复的目的。

氧化剂
分散技术

稳态氧化剂注入后，扩散半径与其自身的降解无关，只与反应速率、土壤渗透系数等外部条件相关；非稳态氧化剂注入后，由于其自身降解速率远大于在土壤中的渗透速率，故扩散半径主要受自身降解的影响。

因此，有效的原位化学氧化修复不仅取决于选取适合的氧化剂，还要配以恰当的氧化剂投加方式及分散技术。投加方式是控制氧化剂与污染物接触的主要手段，它是决定原位化学氧化修复技术成功与否和费用高低的关键。常用的投加方式有土壤置换法、注射井法、直压式注射法和高压旋喷注射法。

（1）土壤置换法

土壤置换法是将地块中污染土壤挖出，置换成固态的氧化剂，形成氧化剂的扩散柱或扩散墙。氧化剂在地下水的作用下溶解后流动至污染区域，与污染物反应，达到修复的目的。也可以不挖掘土壤，将氧化剂通过机械搅拌的方式与污染土壤进行混合，形成氧化剂的扩散柱或扩散墙。

土壤置换法只适用于稳态氧化剂和污染深度较浅的地块。

（2）注射井法

注射井法是在地下水监测技术上发展起来的一种氧化剂投加方式。采用聚氯乙烯或金属材料在污染区域范围内建立注射井，氧化剂在常压或高压下被加入注射井中，在横向和纵向的扩散作用下逐渐覆盖整个污染区域，与污染物接触反应后达到修复效果。其工艺流程如图 3-1 所示。

采用封闭井或套管井的方式可将氧化剂在高压下注入污染土壤中。在低渗透性土壤中应用时，采用抽水泵抽取下梯度方向的地下水，加速地下水流动，可增大氧化剂的扩散速率。

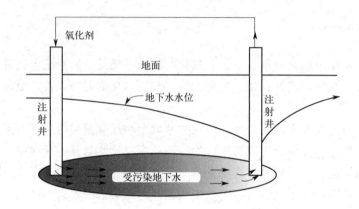

图 3-1　注射井法工艺流程

（3）直压式注射法

直压式注射法是指将氧化剂以一定压力通过注射管道注入污染土壤中。注射管道随钻探机械下钻过程进入污染土壤，根据土壤污染深度分层设置氧化剂扩散孔。氧化剂在注射泵的压力作用下经扩散孔进入每层污染土壤中，在水平方向形成稀薄的氧化剂层，再进行纵向渗透、扩散、迁移，互相交汇，进而覆盖整个污染区域（图 3-2）。

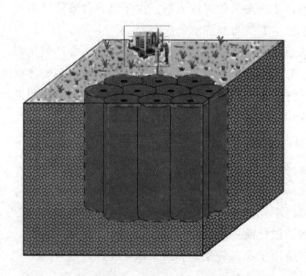

图 3-2　直压式注射法示意图

适当增加氧化剂的注射压力或注射速率可以使土壤发生破裂反应，形成氧化剂扩散的快速通道，增强氧化剂的作用范围。但注射压力过高则会造成冒浆或形成过大的裂隙，导致氧化剂向非目标区域扩散。氧化剂注射完成后，需拔出注射管道，形成的注射孔用混凝土或膨润土填充，以免引起氧化剂回流富集，从而影响修复效果。

直压式注射法是国内外研究和工程实践应用中使用最多的氧化剂投加方式，具有灵活性高、效率高等优点。但该方法不适用于地下岩石较多或管路复杂的区域。

（4）高压旋喷注射法

高压旋喷
注射法

高压旋喷注射法来源于市政施工的常用方法——高压旋喷注浆，是一种土壤结构摧毁式的氧化剂注射技术。在实施过程中，氧化剂在高压下跟随搅拌柱旋转喷射进入土壤中，与土壤深度混合。

根据喷射方法的不同，高压旋喷注射法可分为单管法、二重管法和三重管法（图 3-3 与表 3-5）。其中，三重管法可使氧化剂的影响半径达到最大。实施过程中，将三重旋喷管插入直径为 $150\sim219\text{mm}$ 的钻孔。水和空气分别以 20MPa 和 0.7MPa 的压力喷射。高压水流和气流同轴喷射冲切土体，形成空隙。氧化剂以低压喷射，填充生成的空隙。水与氧化剂的注入速率比为 $1:1.1$，空气注入速率为氧化剂注入速率的 $1\%\sim2\%$。

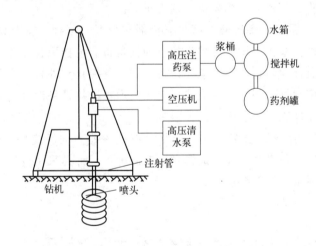

图 3-3　三重管高压旋喷注射法

表 3-5　高压旋喷注射法应用一览表

注射方法	注射物	影响半径
单管法	仅注射氧化剂	较小，一般为 0.3～0.8m
二重管法	注射氧化剂和高压空气	最大作用半径可达 0.8～1.0m
三重管法	注射氧化剂、水和空气	作用半径达 1.0m 以上

3.4　异位化学氧化

异位化学氧化技术首先要将污染土壤开挖、转运到特定的场所或装置，再使用器械设备将污染土壤和氧化剂混合。掺进土壤中的化学氧化剂与污染物混合并发生氧化反应，使污染物降解或转化为无毒或低毒、稳定性强、移动性弱的化合物。

3.4.1　工艺流程

异位化学氧化修复土壤的工艺流程主要包括：a. 土壤挖掘暂存；b. 土壤破碎筛分，剔除建筑垃圾等；c. 氧化剂配制；d. 氧化剂喷洒及充分搅拌混合；e. 静置反应。

3.4.2　系统组成

异位化学氧化修复系统包括土壤预处理系统、氧化剂混合系统和防渗系统等。

① 预处理系统　对开挖出的污染土壤进行破碎、筛分或添加土壤改良剂等。该系统设备包括破碎筛分铲斗、挖掘机、推土机等。

② 氧化剂混合系统　将污染土壤与氧化剂充分混合搅拌，按照设备的搅拌混合方式，可分为两种类型：采用内搅拌设备，即设备带有搅拌混合腔体，污染土壤和氧化剂在设备内部混合均匀；采用外搅拌设备，即设备搅拌头外置，需要设置反应池或反应场，污染土壤和氧化剂在反应池或反应场内通过搅拌设备混合均匀。该系统设备包括行走式土壤改良机、浅层土壤搅拌机等。

③ 防渗系统　防渗系统为反应池或是具有抗渗能力的反应场，能够防止外渗，并且能够防止搅拌设备对其损坏，通常做法有两种：一种是采用抗渗混凝土结构；另一种是采用防渗膜结构加保护层。

3.5　实训项目　芬顿试剂催化氧化大红染料废水

3.5.1　实训目的

① 了解芬顿试剂降解有机污染物的机理。
② 探究实验条件下芬顿催化氧化反应的最佳 pH。

3.5.2　实训原理

染料废水属典型难降解有机废水，色度高，有机物含量高，成分复杂。芬顿试剂的氧化机理可以用下面的化学反应方程式表示：

$$Fe^{2+}+H_2O_2 \longrightarrow Fe^{3+}+OH+OH\cdot$$

OH·的生成使芬顿试剂具有很强的氧化能力，研究表明，在特定条件下，其氧化能力在溶液中仅次于氟气。因此，持久性有机污染物，特别是芳香族化合物及一些杂环类化合物，均可以被芬顿试剂氧化分解。

3.5.3　实训仪器及耗材

（1）实训仪器

烧杯、玻璃棒、pH 试纸、美普达 UV-1800 紫外可见分光光度计。

（2）实训耗材

大红染料废水、硫酸亚铁、双氧水。

3.5.4　实训内容及步骤

① 分别取 100mL 的废水置于 6 个烧杯中，编号 $1^{\#}$～$5^{\#}$，另外一个为空白对照。

② 用盐酸溶液分别把 $1^{\#}$～$5^{\#}$ 废水样品调节至 5 个 pH 梯度。

③ 分别测定 $1^{\#}$～$5^{\#}$ 样品的吸光度。

④ 分别向 $1^{\#}$～$5^{\#}$ 废水样品中加入定量的硫酸亚铁溶液和双氧水溶液（30%）。

⑤ 搅拌反应 30min。

⑥ 分别测定反应后 $1^{\#}$～$5^{\#}$ 样品的吸光度。

3.5.5　数据记录与处理

① 观察并记录废水颜色随着反应时间的变化。

② 观察并记录不同 pH 条件下的废水颜色变化，分别测定反应前后各样品的色度，并计算色度去除率。

色度去除率＝（反应前后最大吸收波长处的吸光度差/反应前的吸光度）×100%

③ 完成数据记录表（表 3-6）。

表 3-6　数据记录表

样品	$1^{\#}$	$2^{\#}$	$3^{\#}$	$4^{\#}$	$5^{\#}$
pH 值					
$A_{前}$					
$A_{后}$					
色度去除率/%					

3.5.6　思考

哪些因素会影响到芬顿试剂对染料废水的脱色率?

思考题

1. 通过实验和查找文献或其他资料，说出紫外线活化过硫酸盐的波长范围，碱活化过硫酸盐的有效 pH 值范围，以及热活化过硫酸盐的有效温度范围。

2. 除了文中提到的过硫酸盐活化方法外，你还知道哪些活化方法？

第 4 章

淋洗技术

 学习目标

知识目标

（1）掌握土壤淋洗技术的原理和应用方法。

（2）掌握淋洗技术的关键技术参数。

（3）熟悉常用的淋洗剂和淋洗设备。

能力目标

（1）能够运用所学知识调控影响淋洗效果的因素。

（2）能够开展土壤淋洗小试实验设计和操作。

素质目标

（1）培养规划、组织和协调能力。

（2）培养团队意识和良好的沟通能力。

任务导入

　　广州某钢铁厂是一家涉及黑色冶金及压延加工、物流、电子商务、气体产业等多个领域的地方钢铁联合企业，具备年产 200×10^4 t 钢及钢材的能力。

　　随着经济发展和城市建设速度的加快，该厂需要停产搬迁，根据规划将在原厂区地块上建设宜居城区，作为旧厂改造、城市升级的典范。

　　地块受重金属（Pb、Zn、Ni、As 和 Cu）和多环芳烃（PAHs）的污染，污染土壤面积合计 157858m²，污染土壤方量合计 517591m³，需要开展污染土壤修复工程。

　　采用组合工艺进行修复，并采用原地异位的修复模式。修复过程主要包括对污染土壤进行洗脱预处理、PAHs 污染物的热脱附处理、重金属污染物的固化稳定化处理，总工艺流程如图 4-1 所示。

① 减量化预处理：对于黏粒比重不超过50％的土壤，先采用淋洗技术进行减量化处理。

② 有机污染土壤：针对淋洗产生的 PAHs 污泥及黏粒比重超过50％的 PAHs 污染土壤采用热脱附技术进行修复。

③ 重金属污染土壤：针对淋洗产生的重金属污泥及黏粒比重超过50％的重金属污染土壤采用固化/稳定化技术进行修复。

④ 复合污染土壤：针对 PAHs 和重金属的复合污染土壤，先进行 PAHs 污染的热脱附修复，再进行重金属污染的固化/稳定化修复。

⑤ 最终处置：修复合格的土壤进行回填或外运处置。

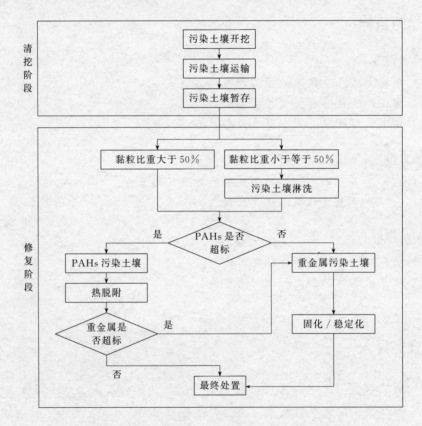

图 4-1 总工艺流程

污染物主要集中分布于较小的土壤颗粒上。土壤淋洗是采用物理分离或者增效淋洗等手段，通过添加水或者合适的增效剂，分离重污染土壤组分或使污染物从土壤相转移到液相的技术。经过淋洗处理，可以有效减少污染土壤的处理量，实现减量化。工艺流程如图 4-2 所示。

污染土壤挖掘及预处理，包括筛分和破碎等，剔除超尺寸（如大于100mm）的大块杂物并进行清洗。

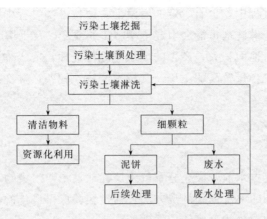

图 4-2　土壤淋洗工艺流程

　　预处理后的土壤进入物理分离单元，采用湿法筛分或水力分选，分离出粗颗粒和砂粒，经脱水筛脱水后得到清洁物料。

　　分级后的细粒直接进入或者进行增效淋洗后进入污泥脱水系统，泥饼根据污染性质选择合适的处理技术，如重金属采用固化稳定化技术，PAHs 采用热脱附技术。

　　洗脱系统的废水经物化或者生物处理去除污染物后，可回用或达标排放。

　　定期采集处理后粗颗粒、砂粒及细粒土壤样品，以及处理前后淋洗废水样品进行分析，掌握污染物的去除效果。

4.1　技术介绍

土壤淋洗技术

　　土壤淋洗技术是将能够促进土壤中污染物溶解或迁移的溶剂注入或渗透到污染土层中，使其穿过污染土壤并与污染物发生解吸、螯合、溶解或络合等物理化学反应，最终形成迁移态的化合物，再利用抽提井或其他手段把包含有污染物的液体从土层中抽提出来进行处理。

4.1.1　技术分类

　　土壤淋洗技术按修复模式分类，可以分为原位土壤淋洗和异位土壤淋洗；按机理可分为物理淋洗和化学淋洗；按运行方式可分为单级淋洗、多级淋洗和循环淋洗。

4.1.2　技术优缺点

　　淋洗技术的优点主要有：污染土壤减量化效果明显；可有效降低土壤中污染物总量。

淋洗技术应用过程中，也有一定的局限性：原位淋洗过程中如操作不当，容易造成地下水污染；一些淋洗剂可能会引起土壤 pH 的改变以及土壤肥力的下降。异位淋洗系统构成复杂，占地面积大；产生的废水需进行处理，落实排放去向；对小体量污染土壤项目及细颗粒含量较高的土壤，其技术经济性较差；淋洗产生的剩余高污染土壤需进行后续处理。

4.1.3　影响因素

在使用淋洗修复技术前，应充分了解土壤性状、主要污染物等基本情况，针对不同的污染物选用不同的淋洗剂和淋洗方法，通过实验取得最佳的淋洗效果，并尽量减少对土壤理化性状和微生物群落结构的破坏。

（1）土壤质地

不同质地的土壤对重金属的结合力大小不同，一般黏土比砂土对重金属离子的结合力强，使得结合在土壤颗粒上的重金属难以解吸下来，从而影响重金属的淋洗效率。土壤淋洗法对含 20% 以上的黏质土或壤质土效果不佳。

（2）土壤有机质含量

土壤有机质的含量与污染物的吸附量成正比，土壤有机质含量较高时不利于污染物的去除。如土壤中的有机物质特别是腐殖质对土壤中的重金属有比较强的螯合作用，这种螯合作用的强弱和重金属螯合物在淋洗剂中的可溶性对土壤中重金属的淋洗有比较大的影响。

（3）土壤阳离子交换容量

一般土壤阳离子交换容量越大，土壤胶体对重金属阳离子的吸附能力也就越大，从而增加重金属从土壤胶体上解吸下来的难度。所以阳离子交换容量大的土壤不适合用化学淋洗技术修复。

（4）污染物类型及赋存状态

对于土壤淋洗来说，污染物的类型及赋存状态也是一个重要的影响因素。污染物可能以一种微溶固体形态覆盖或吸附于土壤颗粒物表层，或通过物理作用与土壤结合，甚至可能通过化学键与土壤颗粒表面结合。土壤内多种污染物的复合存在也是影响淋洗效果的因素之一，因为土壤受到复合污染，且污染物类型多样，存在状态也有差别，常常导致淋洗法只能去除其中某种类型的污染物。污染物在土壤中分布不均也会影响土壤淋洗的效果。当土壤污染历时较长时，通常难以被修复，因为污染物有足够的时间进入土壤颗粒内部，通过物理或化学作用与土壤颗粒结合，其中长期残留的污染物都是土壤自然修复难以去除的物质，难挥发、难降解。污染物的水溶性和迁移性直接影响土壤淋洗效果，特别是增效淋洗的效果。

（5）淋洗剂浓度

污染物的去除效率通常随淋洗剂浓度增大而提高，并在达到某一定值后趋于稳定。不同淋洗剂对不同土壤中不同重金属的萃取有不同的最合适浓度，在此浓度下能取得高的重金属去除效率和低的淋洗剂消耗量，这个最合适的浓度需要通过实验手段获得。

（6）淋洗时间

当达到一定的淋洗时间后，继续淋洗对淋洗效果的提高可能是无效或者效果不明显的，所以每一次淋洗都有一个最佳的淋洗时间。在最佳淋洗时间以内，随着淋洗时间的加长，淋洗效率一般都有明显的提高。土壤中石油类污染物的去除效率一般随时间增加而提高，并在达到某一定值后趋于稳定。淋洗时间不宜过长，一般 20～60min 较为适宜，过长的淋洗时间一方面会增加淋洗费用，另一方面有可能使油水形成乳化液，不利于后续淋洗废液的处理和回用。

（7）pH 值

pH 值影响螯合剂和重金属的螯合平衡以及重金属在土壤颗粒上的吸附状态，从而对重金属的萃出有一定的影响。低 pH 值使重金属更容易解吸。

（8）水土比

水土比是指淋洗液与污染土壤的质量比，提高水土比一般会提高污染物的去除率。水土比的选取要合适，过小不利于搅拌，过大则会增加设备的负荷量，同时也大大增加淋洗剂的消耗量和废液产生量，通常水土比在 （3∶1）～（20∶1）之间比较合适，对于某些较难修复的污染土壤宜选择较大的水土比。

4.1.4　适用范围

4.1.4.1　土壤类型

原位土壤淋洗技术适用于多孔隙、易渗透的土壤。异位淋洗适用于砂性土，对粉/黏粒含量达 25% 以上的土壤不适用。

4.1.4.2　污染物类型

土壤淋洗法可处理有机污染土壤和重金属污染土壤，适用范围广泛。

（1）有机物

土壤中的疏水性有机污染物易与有机质结合，导致其生物可利用性降低，阻碍污染土壤的修复。淋洗剂的使用可以提高有机物在溶液中的溶解度，进而影响有机物在水体表面的挥发及其在土壤、沉积物、悬浮颗粒物上的吸附、迁移和生物有效性等。

（2）重金属

土壤中重金属主要以有机态、可溶态、交换态和残渣态形式存在，重金属主要是通过前三种形态对环境造成污染，而通过土壤淋洗能有效地去除这三部分结合的重金属。以残渣态形式结合的重金属，其生物有效性非常低，环境风险也较低，同时去除难度较大。淋洗法修复重金属污染土壤是通过淋洗剂对重金属的冲洗、络合、离子交换等作用，使土壤固相中的重金属转移到土壤液相，从而达到清洁土壤的目的。

腐殖酸与有机肥等有机淋洗剂的使用可避免对土壤造成二次污染，并可改善土壤理化性状及其微生物群落结构。有机淋洗剂能够促进土壤颗粒表面的重金属离子解吸，在较宽的酸度范围内与重金属离子形成可溶性络合物，增加重金属离子的有效性和移动性，有助于提高重金属污染土壤的修复效果。

4.2　淋洗剂

淋洗技术应用的关键是找到既能提取各种形态的污染物，又不破坏土壤结构的淋洗剂。淋洗剂可以采用清水或化学溶剂。目前所用的化学溶剂包括无机淋洗剂、螯合剂、表面活性剂和复合淋洗剂。

（1）无机淋洗剂

常见的无机淋洗剂包括酸、碱、盐等无机化合物。酸、碱、盐等无机淋洗剂的作用机制主要是通过酸解、络合或离子交换作用破坏土壤表面官能团与重金属形成的络合物，将重金属交换解吸下来，从土壤溶液中溶出。无机淋洗剂对重金属的去除效果较好，作用速度快，成本较低，但对土壤的破坏性较大，酸、碱溶液会严重破坏土壤的理化性质，使大量土壤养分流失，并严重破坏土壤微团聚体结构。

（2）螯合剂

螯合剂首先通过螯合作用，将吸附在土壤颗粒及胶体表面的重金属离子解络下来，然后利用自身强的螯合作用和重金属离子形成强的螯合体，从土壤中分离出来。

螯合剂有人工螯合剂和天然螯合剂两类。常用的人工螯合剂包括乙二胺四乙酸（EDTA）、二乙基三乙酸（NTA）、乙基三胺五乙酸（DTPA）、乙二胺二琥珀酸（EDDS）等。常用的天然有机螯合剂包括柠檬酸、苹果酸、草酸，以及其他类型的天然有机物质如胡敏酸、富里酸等。

（3）表面活性剂

表面活性剂是指由极性亲水基团和非极性疏水基团共同组成的两亲性化合物，它能降低表（界）面张力，改变体系表（界）面的化学性质，具有起泡、乳化、絮凝等多种功能。

表面活性剂按来源可分为人工合成表面活性剂和生物表面活性剂。生物表面活性剂是由植物、动物和各种微生物产生的天然表面活性剂。与人工表面活性剂相比，生物表面活性剂成本低、毒性低、生物降解性好、选择性好，对 pH、盐度和温度的适应范围更广。生物表面活性剂用于修复土壤重金属污染具有独特的优点，有良好的应用前景。

（4）复合淋洗剂

复合淋洗剂是将不同的淋洗剂按比例混合而得。在一些条件下，单一的淋洗剂效果差，而复合淋洗剂能够强化土壤污染物的去除效果。

酸和螯合剂通常被用来淋洗有机物与重金属污染土壤，对于有机物和重金属复合污染土壤，一般可考虑采用复合淋洗剂。将人工螯合剂（如 EDTA）与其他种类的淋洗剂如表面活性剂、天然螯合剂等复配，可以提高对多种重金属的去除效果。

但复合淋洗剂对污染物去除率的提高并非是绝对的，不同的淋洗剂之间也可能存在拮抗作用，因此复配淋洗过程中需要考虑更多的因素，比如淋洗剂的种类、性质、配比以及去除污染物的机理和适宜的环境条件等。

表 4-1 列出了常用的淋洗剂。表 4-2 列出了国内土壤淋洗应用案例药剂选用情况。

表 4-1　常用淋洗剂一览表

淋洗剂类型		淋洗剂名称
无机淋洗剂	酸、碱、盐	盐酸、氢氧化钠
螯合剂	人工螯合剂	乙二胺四乙酸（EDTA）、二乙基三乙酸（NTA）、乙基三胺五乙酸（DTPA）、乙二胺二琥珀酸（EDDS）等
	天然有机络合剂	柠檬酸、苹果酸、草酸以及天然有机物胡敏酸、富里酸等
表面活性剂	人工合成表面活性剂	十二烷基苯磺酸钠、十二烷基硫酸钠、曲拉通、吐温、波雷吉等
	生物表面活性剂	鼠李糖脂、槐子糖脂、单宁酸、皂角苷、卵磷脂、腐殖酸、环糊精及其衍生物等

表 4-2　国内土壤淋洗应用案例药剂选用情况

地块名称	污染物	淋洗药剂	实施时间
上海市某地块	砷、钴、苯并[a]芘	柠檬酸钠、过硫酸钠、氢氧化钠	2021 年
上海市某地块	砷、铅、钴和钒	EDTA 二钠	2020 年
安徽省某土壤污染地	砷	磷酸二氢钾	2020 年
上海普陀区某工业场地	重金属	柠檬酸	2020 年
上海某原铸造厂地块	铜、镍、铅	柠檬酸、EDTA 二钠	2019 年
辽宁大连某化工厂	砷、苯并[a]芘	清水	2017 年
江苏某纺织污染地块	砷、多环芳烃	磷酸二氢钾、过硫酸钠、生石灰	2017 年
上海市某重金属污染地块	铅	亚氨基二琥珀酸	2017 年
浙江省某市铅蓄电池厂退役场地	铅	酸洗后碱洗	2016 年
广东广州某钢铁厂	多环芳烃、重金属	清水	2015 年
无锡某电镀厂重金属污染场地	铬、铜、锌、镍、铅	柠檬酸	2011 年
无锡某柠檬酸厂	铬、铜、锌	清水	2010 年

4.3 原位淋洗

原位土壤
淋洗技术

原位土壤淋洗技术适用于渗透系数大于 10^{-3} cm/s 的土壤，如砂土、砂砾土、冲积土和滨海土等。质地较细的土壤与污染物之间的吸附作用较强，通常要经过多次淋洗才能取得较好的效果。

原位土壤淋洗系统主要由三部分组成，即淋洗剂投加系统、淋出液收集系统和废液处理系统。同时，通常采用物理屏障或分割技术将污染区域封闭起来。

对于污染深度较浅的地块，可采用漫灌、沟渠引流、喷淋（图4-3）等方式实施。

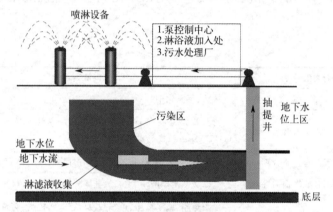

图4-3 原位喷淋淋洗示意图

对于污染较深的地块，通过注射井等向土壤中施加淋洗剂，使其向下渗透，穿过污染物并与之相互作用，含有污染物的溶液可以用抽提井等方式收集、处理后循环再用。其工艺流程如图4-4所示。

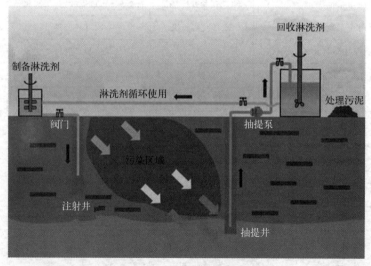

图4-4 原位注射井淋洗示意图

4.4　异位淋洗

异位土壤
淋洗技术

异位土壤淋洗技术旨在降低后续修复工艺的处理量，是用清水对挖掘出来的污染土壤进行洗涤，将附着在土壤颗粒表面的有机和无机污染物转移至水溶液中，从而达到洗涤和清洁污染土壤的目的。

该技术主要用于污染土壤的减量化处理。通过该技术将污染物浓缩、富集至小颗粒土壤中，大幅降低后续污染土壤的处理量。并当污染土壤中砂粒与砾石含量超过50％时，异位土壤淋洗技术比较适用。而对于黏粒、粉粒含量超过 25％，或者腐殖质含量较高的污染土壤，异位土壤淋洗技术分离去除污染物的效果较差。

4.4.1　工艺流程

土壤异位淋洗工艺流程如图 4-5 所示，主要包括以下步骤。

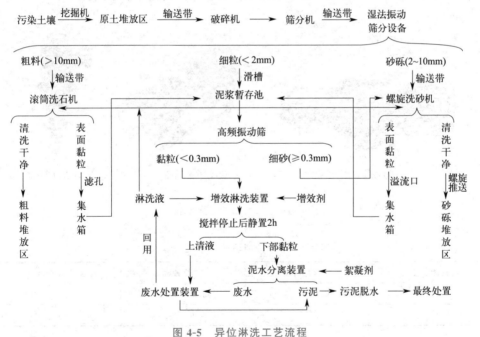

图 4-5　异位淋洗工艺流程

① 污染土壤挖掘及预处理，包括筛分和破碎等，剔除超尺寸（如大于 100mm）的大块杂物并进行清洗。

② 预处理后的土壤进入物理分离单元，采用湿法筛分或水力分选，分离出粗颗粒和砂粒，经脱水筛脱水后得到清洁物料。

③ 分级后的细粒直接进入或进行增效淋洗后进入污泥脱水系统，根据污染物性质选择泥饼最终处理处置技术。

④ 淋洗系统的废水经物化或生物处理去除污染物后，可回用或达标排放。若土壤含有挥发性重金属或有机污染物，应对预处理及土壤淋洗单元设置废气收集装置，并对收集的废气进行处理。

4.4.2　淋洗设备

异位土壤淋洗处理系统一般分为以下几个单元：预处理单元、输送单元、物理分离单元、增效淋洗单元、泥水分离单元、废水处理及回用单元。各单元选用或组合选用的设备（设施）如下。

① 预处理单元：破碎机、筛分机。

② 输送单元：皮带输送机、螺旋输送机。

③ 物理分离单元：滚筒筛、湿式振动筛、水力旋流器等（图4-6），其适用性如表4-3所示。

④ 增效淋洗单元：搅拌罐、滚筒清洗机、湿式振动筛、加药装置等。

⑤ 泥水分离单元：沉淀池、浓缩池、压滤机、离心分离机等。

⑥ 废水处理及回用单元：废水收集池、沉淀池、物化处理系统。

(a) 滚筒筛　　　　　　　　(b) 湿式振动筛　　　　　　(c) 水力旋流器

图4-6　常用物理分离设备

表4-3　物理分离设备适用性一览表

设备名称	粒径/mm	设备名称	粒径/mm
滚筒筛	>50	水力旋流器	0.075～2
湿式振动筛	2～50	多级水力旋流器	<0.075

4.5　实训项目　重金属污染土壤淋洗

4.5.1　实训目的

① 巩固污染土壤淋洗技术的应用方法。

② 探索污染土壤淋洗技术的关键技术参数。

4.5.2　实训原理

土壤淋洗是采用物理分离或者增效淋洗等手段，通过添加水或者合适的增效剂，分离重污染土壤组分或使污染物从土壤相转移到液相的技术。

本实训通过对泥水分离后的淋洗液进行快速检测，判断污染物的迁移情况。

4.5.3　实训仪器及耗材

（1）实训仪器

铲子、量杯、秤或天平、烧杯等。

（2）实训耗材

污染土壤、水、淋洗剂、重金属快速检测药包等。

4.5.4　实训内容及步骤

（1）实训内容

土壤淋洗工艺的关键参数包括以下 5 个。

① 土壤细粒含量：土壤细粒的百分含量是决定土壤淋洗效果和成本的关键因素。细粒一般是指粒径小于 $63\sim75\mu m$ 的粉/黏粒。

② 水土比：根据土壤机械组成情况及筛分效率选择合适的水土比，一般为 $(5:1)\sim(10:1)$。增效淋洗单元的水土比根据可行性试验和中试的结果来设置，一般为 $(3:1)\sim(20:1)$。

③ 淋洗时间：物理分离的物料停留时间根据分级效果及处理设备的容量来确定，一般为 $20min\sim2h$。淋洗时间长有利于污染物的去除，但同时增加了处理成本，因此应根据可行性试验、中试结果及现场运行情况选择合适的淋洗时间。

④ 淋洗次数：当一次分级或增效淋洗不能达到既定土壤修复目标时，可采用多级连续淋洗或循环淋洗。

⑤ 淋洗剂类型：一般有机污染选择表面活性剂，重金属选择无机酸、有机酸、络合剂等，复合污染一般考虑两类增效剂的复配。增效剂的种类和剂量根据可行性试验与中试结果确定。

（2）实训步骤

① 配淋洗剂。配料前先根据土壤量估算需要配淋洗液的量。

② 土壤淋洗（可组内设计对比试验或梯度试验）。

③ 土壤离心分离。

④ 淋洗废液快速检测。

4.5.5　数据记录与处理

（1）实训记录

记录淋洗剂类型、名称、浓度，淋洗实验的水土比、反应时间，淋洗废液的重金属浓度。

（2）结果分析

_____

_____

_____

4.5.6　思考

影响淋洗的因素有哪些？你在实训中是如何控制的？

 思考题

1. 通过实训和查找文献或其他资料，说说还有哪些淋洗剂的复配组合。

2. 查找资料，了解淋洗产生的含高浓度污染物的污泥一般采用什么方法进行处理处置。

第5章

固化/稳定化技术

 学习目标

知识目标

（1）理解固化/稳定化技术的原理。

（2）掌握固化/稳定化技术的主要影响因素和评价指标。

（3）了解原位、异位固化/稳定化技术的作业流程和系统组成。

能力目标

（1）能够设计固化/稳定化技术方案。

（2）能够完成原位、异位固化/稳定化技术的作业。

素质目标

（1）具有良好的道德修养、心理素质和健康的体魄。

（2）具有谦虚谨慎的态度、艰苦奋斗的精神。

 任务导入

随着城市化进程的提速，城市及周边土壤的污染程度日益加剧。具体表现在：一方面，未经处理的工业废水、废气和废渣，空气粉尘所携带的大量污染物，以及雨水冲刷城市区域从而携带的污染物最终会汇聚到土壤中和河道中，这些堆积的污染物很容易通过水循环、大气循环、食物链再一次进入人体，危害健康。另一方面，矿产资源的不合理开发及其冶炼排放、长期对土壤进行污水灌溉和污泥施用、人为活动引起的大气沉降、化肥农药的使用等原因，导致土地污染面积不断扩大，土壤污染日益严重。

当前我国经济社会发展进入新常态，生态环境问题日益复杂，特别是污染物通过雨水淋溶、地表径流、大气沉降等途径，最终汇入土壤，造成土壤污染。土壤环境问题关系人民福祉，关乎民族未来，成为全面建成小康社会的生态短板。

习近平总书记提出的"生态文明思想"是习近平新时期中国特色社会主义思想的重要组成部分，是解决我国生态环境问题，特别是我国人口-资源-环境-粮食间矛盾的重要指引，是新时代生态文明建设的根本遵循和行动指南，也是马克思主义关于人与自然关系理论的最新成果。

广州市某重金属污染地块原为造纸厂，始建于 1983 年，总占地面积为 1.78hm^2。20 世纪 70 年代以前，经水路运输的硫铁矿暂存在码头区域。2012 年，该地块完成搬迁，大部分厂房及设施已拆除，剩余少量保留建筑、废弃仓库和办公楼。该地块规划作为居住用地等进行再开发利用。

（1）地块特征

地层由上至下依次为砂质土（呈细沙质状）、黏土（呈淤泥状）。该地块的主要污染物为砷、铜、铅、锌等重金属。砷最高浓度为 1652mg/kg，铜最高浓度为 673mg/kg，铅最高浓度为 10600mg/kg，锌最高浓度为 26500mg/kg。污染土壤约 6.69×10^{4}m^3，最大污染深度 5.5m。

（2）修复目标

修复后土壤重金属污染物浸出值满足《地下水质量标准》（GB/T 14848—2017）Ⅳ类标准，即砷、铜、铅、锌的修复目标值分别为 0.05mg/L、1.5mg/L、0.1mg/L、5mg/L。

（3）技术选择

综合地块基本特征，考虑技术成熟性、处理效果、修复时间、修复成本、修复工程的环境影响等因素，经小试和中试实验，选用原位固化/稳定化技术。

（4）工艺实施步骤

污染土壤筛分破碎、固化/稳定化处置、处理效果评估以及达标后表层覆土回填等。具体为：

a. 根据拐点坐标进行测量放线工作，确定污染修复范围。

b. 清除影响作业的障碍物并开挖施工沟槽。

c. 定桩位点，布置钻头。

d. 进行预搅下沉与药剂喷注，同时进行搅拌，使污染土壤与固化/稳定化药剂充分混合均匀。

e. 对污染土壤进行养护和自检工作，第三方效果评估单位取样检测，验收合格后进行表层覆土，若不合格则对污染土壤重新进行处理。

（5）修复效果

修复周期为 126 天；实际修复污染土壤 6.28×10^{4}m^3。修复后，目标污染物浸出浓度达到修复目标值，项目顺利通过验收。

5.1　技术介绍

固化/稳定化技术已有数十年的发展历史，是较为成熟的土壤修复技术，既可用于修复污染土壤，也可用于处理沉积物、污泥和固体废物等，具有修复周期短，达标能力强，作用对象广泛（可处理多种性质稳定的污染物），并能与其他修复技术配合使用的特点，是国内外普遍应用的土壤污染修复技术。

5.1.1　技术原理及主要类型

固化/稳定化技术是一种通过添加固化剂或稳定剂，将土壤中的有毒有害物质固定起来，或者将污染物转化成化学性质不活泼的形态，阻止其在环境中迁移和扩散，从而降低其危害的修复技术。固化/稳定化技术的主要工作原理是通过在污染土壤中添加和混合黏合剂（如胶凝剂或凝固剂），使之与污染土壤发生反应，改变土壤的理化性质，使土壤成为结构密实、抗压性强、渗透性低的固化/稳定化产物，从而降低土壤中污染物的迁移性，使得污染物的溶出（浸出）浓度达到特定地块修复目标中规定的可接受水平，最终实现保护地下水和（或）地表水的目的。

固化/稳定化技术

固化和稳定化技术在工作原理和作用特点上各有不同，但在实践中经常搭配使用，是两个密切关联的过程。固化处理是将惰性材料（固化剂）与污染土壤完全混合，使其生成结构完整、具有一定尺寸和机械强度的块状密实体（固化体）的过程；稳定化处理是利用化学添加剂与污染土壤混合，改变污染土壤中有毒有害组分的赋存状态或化学组成形式，从而降低其毒性、溶解性和迁移性的过程。固化处理的目的在于改变污染土壤的工程特性，即增加土壤的机械强度，减少土壤的可压缩性和渗透性，从而降低污染土壤处置和再利用过程中的环境与健康风险；稳定化处理的目的在于降低污染土壤中有毒有害组分的毒性（危害性）、溶解性和迁移性，即将污染物固定于支持介质或添加剂上，以此降低污染土壤处置和再利用过程中的环境与健康风险。

根据修复模式要求或实际操作条件需要，固化/稳定化修复分为原位和异位两种，如图 5-1 所示。

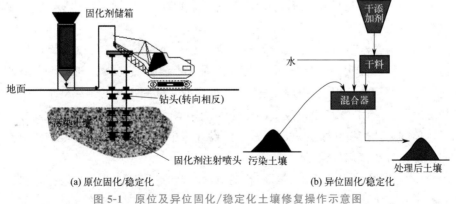

(a) 原位固化/稳定化　　　　　　　　(b) 异位固化/稳定化

图 5-1　原位及异位固化/稳定化土壤修复操作示意图

原位固化/稳定化适用于深层及大面积污染土壤的治理与修复，其通过利用开凿或钻孔机械将黏合剂与受污染土壤原地直接混合，操作环节相对异位修复要少，对环境造成二次污染的风险也较小，并可显著降低污染土壤的治理与修复成本。但局限性在于难以有效治理黏稠度较大的土壤，容易受到地下障碍物（如碎石瓦砾等）和地层结构变化的影响，常因混合搅拌不够均匀而降低修复效果与质量，修复单元间对接不充分会形成污染土壤"夹层"，修复后土壤体积增容改变地面形状，操作过程对地面承载力和地块面积有一定的要求等。

异位固化/稳定化适用于修复浅层污染土壤或大型机械无法进入的小型污染地块，且由于其能较好地控制黏合剂的添加和混合质量，修复效果往往较为理想。不足之处是需要开挖污染土壤、暂存土壤、转运土壤和对污染土壤进行前处理（如破碎和筛分），这些过程会造成扬尘和噪声，甚至挥发物释放等环境影响，且修复完成后还需回填或处置土壤，并对土壤进行压实与覆盖等操作，修复成本较高。

5.1.2　技术适用性

固化/稳定化技术既适用于处理无机污染物，也适用于处理某些性质稳定的有机污染物。许多无机物和重金属污染土壤，如无机氰化物（氢氰酸盐）、石棉、腐蚀性无机物以及砷、镉、铬、铜、铅、汞、镍、硒、锑、铀和锌等重金属污染的土壤，均可采用固化/稳定化技术进行有效的治理和修复，而有机污染土壤中适用或相对适用的污染物类型包括有机氰化物（腈）、腐蚀性有机化合物、农药、石油烃（重油）、多环芳烃（PAHs）、多氯联苯（PCBs）、二噁英或呋喃等，但对于卤代和非卤代挥发性有机化合物一般不适用（除非进行了特殊的前处理）。此外，考虑到部分有机污染物对固化/稳定化处理后水泥类水硬性胶凝材料的固结化作用有干扰效应，因此，固化/稳定化技术更多地用作无机污染物的源处理技术。

用于进行固化/稳定化处理的材料一般为水泥类或石灰类黏合剂，常见的有硅酸盐水泥、粉煤灰、粒化高炉矿渣细粉、硅灰、水泥窑灰、各类石灰和石灰窑灰等，但最常用的还是水泥。由于上述黏合剂（固化剂）一般不与有机污染物直接产生黏合作用，因此在处理有机污染土壤时一般还会添加一些可增进与有机污染物产生吸附和稳定作用的添加剂，常见的添加剂包括有机黏土、膨润土、活性炭、磷酸盐、橡胶颗粒、化学胶等。

固化/稳定化技术可以单独用于处理污染土壤，也可联合其他风险管控技术处理复合污染的土壤。固化/稳定化技术的特点是通过土壤基质与黏合剂反应来降低污染物的迁移性，原理包括促进污染物吸附、共沉淀或将其固定在矿物晶格结构中或直接进行物理封隔。从固化/稳定化技术的应用实践来看，使用水硬性胶凝材料与水反应形成固化体的方法的应用最为广泛，尤其是设计用于同时提高污染土壤抗浸出性及物理性能的修复方法使用得最多。

固化/稳定化修复完成后需要对固化/稳定化产物进行长期监测与维护，保证其完整性、酸中和能力并明确污染物扩散的时空变化规律。因此，其修复成本除取决于污染物属性与浓度、污染土壤类型、黏合剂用量、实施和运行费用等外，还包括长期监测与维护费用等。

固化/稳定化技术虽然有许多技术上的优点，但也有一些明显的缺点或局限性，主要优、缺点见表 5-1。

表 5-1　固化/稳定化技术优、缺点对比

优点	缺点
实施周期短、达标能力强	一般不能销毁或去除污染物
适用于多种性质稳定的污染物（如重金属、多氯联苯、二噁英等）	难以预见污染物的长期行为
根据规划要求或实际操作条件，可在原位也可在异位进行	可行性试验研究确定的参数具有时间/空间不确定性
修复后可就地管理，无须外运	可能会增加污染土壤的体积（增容）
修复成本低、修复材料与设备占用空间相对较小	消耗天然资源（如地下水等）
处理后土壤的结构和性能（如机械强度均一性、渗透性等）得到改善	需要长期监测与维护

5.1.3　工艺流程

固化/稳定化技术首先需要根据特定地块污染特征及固化/稳定化技术特点进行技术适用性评价，若技术适用，则可进行试验方案设计，开展可行性试验研究，确定污染土壤的前处理要求、黏合剂种类与用量、原位/异位修复设备需求，以及修复成本、时间和效益等性能指标，并采用适当的参数（主要包括固化/稳定化产物的抗压强度、渗透系数和浸出特性等）评价该技术的可行性。若可行性试验研究证明固化/稳定化技术合理可行，则可进行修复方案编制并进入施工阶段。

原位固化/稳定化与异位固化/稳定化具体的工艺流程如下。

（1）原位固化/稳定化

基于修复目标建立修复材料的性能参数，进行实验室可行性分析，确定固化剂、添加剂和水的最佳混合配料比。现场中试时，根据现场实际情况，进一步优化实施技术，确定运行性能参数。修复工程实施后，需对修复过程实施后的材料性能进行长期监控与监测。实施过程具体包括以下几个步骤。

① 针对污染地块情况，选择回转式混合机、挖掘机、螺旋钻等钻探装置对污染介质进行深翻搅动，并在机械装置上方安装灌浆喷射装置。

② 通过液压驱动、液压控制将药剂直接输送到喷射装置中，运用螺旋搅拌头进行搅拌，搅拌过程中形成的负压空间或液压驱动将粉末状或泥浆状药剂喷入污染介质中，或使用高压灌浆管来迫使药剂进入污染介质孔隙中。通过安装在输料系统阀端的流量计检测固化剂的输入速度、掺入量，使其按照预定的比例与污染介质以及污染物进行有效混合。

③ 如固化/稳定化处理过程中释放出挥发性或半挥发性污染气体，通过收集罩输送至废气处理装置进行无害化处理。

④ 选择合适的采样工具，对不同深度和位置的修复后样品进行取样分析。

⑤ 定期对修复后样品进行取样分析，确定系统的长期稳定性。

（2）异位固化/稳定化

① 根据地块污染空间分布信息进行测量放线之后，开始土壤挖掘。

② 挖掘出的土壤根据情况进行土壤预处理（水分调节、土壤杂质筛分、土壤破碎等）。

③ 固化/稳定化药剂添加。

④ 土壤与药剂混合搅拌、养护。

⑤ 固化体/稳定化土壤的监测与效果评估、处置。

其中，②～④也可以在一体式混合搅拌设备中同时完成。

5.2 实施方法

固化/稳定化的
影响因素

固化/稳定化技术的一般实施程序包括技术适用性评价、方案设计、施工建设、修复效果评估、长期监测与维护等（图 5-2）。施工前要做好现场布局安排和进度安排等工作；施工期间则要做好施工质量控制、二次污染防治、环境监测、健康与安全防护等工作；修复完成后需对固化/稳定化产物进行修复效果评估，符合规定标准的可进行安全处置或资源化再利用，随后进行长期的监测与维护，以保证修复效果持久有效。

5.2.1 技术适用性评价

确定采用固化/稳定化技术进行污染土壤修复前，应先开展技术适用性评价，尤其要关注影响固化/稳定化技术适用性的关键因素，包括土壤特性、土壤颗粒大小、含水量、重金属浓度、硫酸盐含量、有机物含量、密度、渗透性、自由压缩力等。

5.2.2 可行性试验研究

由于地块条件不同，需进行可行性试验研究，确定关键参数与潜在问题。可行性试验研究的内容与目的主要包括以下几点。

① 确定黏合剂最佳剂量与配比；

② 预测修复过程中可能出现的各种问题或障碍；

③ 确定施工过程可能对环境产生的影响（如挥发物排放）；

④ 确定土壤的理化特征与均一性；

⑤ 确定固化/稳定化产物的增容量。

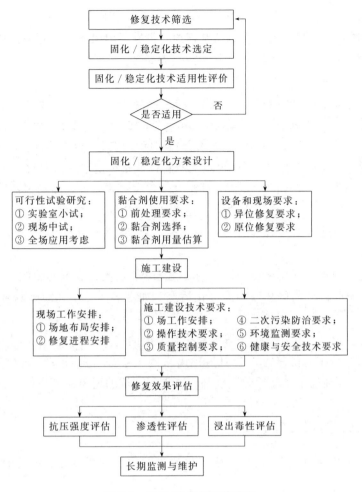

图 5-2　固化/稳定化实施流程

5.2.2.1　实验室小试

实验室小试应采用现场样品进行试验，对污染土壤及黏合剂的理化特性进行分析，并针对特定参数需求开展试验研究。采集的土壤样品应尽量代表污染地块的整体污染状况，相关采样技术可参照《建设用地土壤污染状况调查　技术导则》（HJ 25.1）、《建设用地土壤污染风险管控和修复监测技术导则》（HJ 25.2）和《土壤环境监测技术规范》（HJ/T 166）执行，采样量应根据试验内容具体确定，一般不少于 $0.04m^3$。

小试阶段需根据特定污染地块的情况评估和确定黏合剂的用量与配比，同时确定其他可能产生干扰的因素，如地块内存在障碍物，可能发生挥发性污染物释放和扩散等。

5.2.2.2　现场中试

小试完成后，选择综合效果最佳的技术方案进行现场试验（中试）。现场试验是评估全场范围内黏合剂使用条件和设备性能的重要过程，并可验证小试结果的可靠性。现场中试方案应提前制订，包括制订执行方案、健康与安全防护计划、选择合理试验方量的计划，以及现场修复设备的安装计划等。

现场中试的内容及目的主要包括以下几点。

① 评估实验室小试结果与使用现场设备时的修复效果是否一致。

② 明确是否有其他地块因素影响（介质的不均一性、混合效应等）的干扰。

③ 评估实验室小试所确定的性能参数在实际应用时是否能达标。

④ 大规模施工时产出的固化/稳定化产物性能是否能够保持一致。

原位修复的土壤差异性较大，并且修复过程在地表以下，黏合剂性能及应用的精度难以观测，因此要进一步分析的内容包括以下几点。

① 修复单元边界的重合程度（如灌注孔边界的重合）能否使黏合剂充分覆盖目标区域。

② 修复区域地层理化性质随深度的变化是否会影响黏合剂的性能。

③ 不同空间区域内修复效果的变化情况，如沿灌注孔半径随距离变化修复效果的变化。

④ 混合过程是否存在污染土壤与黏合剂分离的情况。

异位固化/稳定化修复往往会对清挖出来的土壤进行前处理，如筛分和混匀等，应保证现场前处理的土壤其均匀程度与小试期间土壤的均匀程度一致。

5.2.3　固化/稳定化材料选择

固化/稳定化材料是影响固化/稳定化效果的主导因素，分为固化材料和稳定化材料。

（1）固化材料

固化材料主要是水泥类和火山灰类（高炉矿渣和粉煤灰）凝胶材料。高炉矿渣和粉煤灰须由水泥与石灰等引发剂引发产生水化反应凝结，引发剂和凝胶材料的组合主要有：水泥＋粉煤灰，水泥＋高炉矿渣，水泥＋炉窑灰；石灰＋粉煤灰，石灰＋高炉矿渣，石灰＋炉窑灰；水泥＋石灰＋粉煤灰，水泥＋石灰＋高炉矿渣，水泥＋石灰＋炉窑灰。铅、锌、镉、铜等单个阳离子重金属和复合阳离子重金属污染的土壤与底泥可直接采用凝胶材料进行固化，一般效果很好，也可以添加黏土或沸石强化。砷和汞污染的土壤与底泥的固化一般需要进行强化。砷需添加氧化钙类物质提高 Ca/As 值，促进砷酸钙沉淀，使用确有亲和吸附力的零价铁、铁盐和氧化铁可以增强固化效果；氧化剂把 As(Ⅰ) 转化成 As(Ⅴ) 也可以增加固化效果。汞添加硫黄和硫化物等形成硫化汞沉淀，或添加活性炭、改性活性炭、改性沸石等吸附材料稳定汞。我国在污染土壤固化材料的使用上基本是以采用水泥及水泥和粉煤灰的组合为主。目前，基本上没有采用外加剂对固化块的性能进行调整，如：添加减水剂增强固化块的强度；添加填充剂封闭和缩减固化块的孔隙，降低渗透性。

（2）稳定化材料

稳定化材料包括石灰和氧化镁等碱性材料、含铁材料、含磷材料、氧化铝和氧化锰、黏土和沸石、氧化剂和还原剂、硫化物、螯合物、生物炭及有机肥等。我国重金属污染土壤一般有单一砷、汞、六价铬和铅等重金属污染土壤，也存在铅、锌、锡等阳离子重金属复合污染土壤及砷与阳离子重金属形成的复合重金属污染土壤。可以根据土壤污染物种类选择稳定化材料，一般阳离子类重金属（Pb、Zn、Cd、Cu）常用的材料是碱性材料和含磷材料（磷矿石和磷酸盐），碱性材料要在碱性条件下才能起到稳定作用，土壤的酸碱缓冲能力及降水对其长期稳定效果影响大，部分两性重金属在强碱性环境下浸出增加。含磷材料可在弱酸和碱性环境中应用，但土壤的质地和污染物之间的联合作用会影响稳定化效果。砷常用含铁材料及铝锰氧化物，稳定化效果受环境 pH 值、氧化还原电位和有机质等影响，土壤中的磷酸根和 OH^- 均可能增加砷的溶出。六价铬常用还原剂还原，但受土壤 pH 值影响和氧化锰含量影响还原成的三价铬存在返回到六价铬的可能。汞污染土壤常用硫化物和螯合剂，与硫化物形成的难溶物质受土壤环境氧化还原电位和微生物的影响。

我国重金属污染土壤修复常使用的稳定化材料主要有石灰、轻烧氧化镁、轻烧白云石和粉煤灰等碱性材料，其中氧化镁应用广泛，效果也较好，适用的重金属较多。磷酸盐对铅、锌、锡等阳离子的稳定化效果好，也是常用的稳定化材料，与其他碱性材料、吸附材料（黏土）或土壤改良材料复配后进一步增强稳定化效果，稳定化后的土壤可作为绿化用土。六价铬污染的土壤使用较多的还原剂是硫酸亚铁和零价铁。硫酸亚铁反应快，会使土壤酸化，适合碱性条件下的土壤。零价铁用量少，对土壤 pH 值影响小，但还原时间长。我国在砷污染及砷与阳离子重金属复合污染方面还没有开发出长期有效的产品，虽然现在可以采用铁盐和铁氧化物稳定土壤中的砷，但其长期稳定化效果有待进一步考察。国内稳定化材料的生产厂商少，产量低，没有形成该类材料的产业。大部分稳定化材料是修复公司和研究机构提供的专利产品与专门产品，使用时再配制。这些专利或专门产品中出现了分子键合、晶化包封和分子整合等先进技术。

5.3　原位固化/稳定化

原位固化/稳定化是通过一定的机械力在原位向污染介质中添加固化/稳定化药剂，在充分混合的基础上，使其与污染介质、污染物发生物理、化学作用，将污染介质固封在结构完整的具有低渗透系数的固态材料中，或将污染物转化成化学性质不活泼的形态，降低污染物在环境中的迁移和扩散速率。

在利用该技术进行修复前，应进行相关测试，评估污染场地应用原位固化/稳定化技术的可行性，并为下一步工程设计提供基础参数。具体测试参数包括以下几个方面。

① 固化/稳定化药剂选择，需考虑药剂间的干扰以及化学不兼容性、金属化学因素、处理和再利用的兼容性、成本等因素。

② 分析所选药剂对其他污染物的影响。

③ 优化药剂添加量。

④ 污染物浸出特征测试。

⑤ 评估污染介质的物理化学均一性。

⑥ 确定药剂添加导致的体积增加量。

⑦ 确定性能评价指标。

⑧ 确定施工参数。

5.3.1 工艺流程

原位固化/稳定化的工艺流程主要包括地面开凿、钻孔，药剂配制，药剂灌注，混合、搅拌，成型、养护，长期稳定性监测。

5.3.2 主要设备

原位固化/稳定化的主要设备包括机械深翻搅动装置系统（如挖掘机、翻耕机、螺旋中空钻等）、试剂调配及输料系统（输料管路、试剂储存罐、流量计、混配装置、水泵、压力表等）、工程现场取样监测系统（驱动器、取样钻头、固定装置）、长期稳定性监测系统（监测探头、水分、温度、地下水在线监测系统等）。

进行原位混合操作时，若土壤污染深度小于 6m，则应将污染区域划分为网格操作单元后再进行搅拌混合。网格的大小往往取决于以下几个因素：设备的横向和纵向作业半径（以便减少需要转移或挪动设备的次数）、混合设备的类型与型号大小、配料设备的泥浆供应范围以及质量控制的采样和检测频次要求等。若土壤的污染深度大于 6m，则需使用大口径的螺旋钻或组合钻进行原位深层混合，钻头直径及其可抵达的深度就决定了每个操作单元的体积和相应的泥浆体积需求。无论是浅层土壤还是深层土壤的原位固化/稳定化操作，其总的效率均取决于配料设备的效率和混匀需要的时间。

5.3.3 关键技术参数或指标

原位固化/稳定化的关键技术参数或指标包括污染介质组成及其浓度特征、污染物组成及空间分布、固化/稳定化药剂配比与用量、地块地质特征、无侧限抗压强度、渗透系数以及污染物浸出特性等。

① 污染介质组成及其浓度特征　污染介质中可溶性盐类会延长固化剂的凝固时间并大大降低其物理强度，水分含量决定添加剂中水的添加比例，有机污染物会影响固化体中晶体结构的形成，往往需要添加有机改性黏结剂来屏蔽相关影响，修复后固体的水力渗透系数会影响到地下水的侵蚀效果。

② 污染物组成及空间分布　对无机污染物，添加固化/稳定化药剂即可实现非常好的固化/稳定化效果；无机物和有机物共存时，尤其是存在挥发性有机物（如多环芳烃类）时，则需添加除固化剂以外的添加剂以稳定有机污染物。污染物仅分布在浅层污染介质当中时，通常采用改造的旋耕机或挖掘铲装置实现土壤与固化剂的混合；当污染物分布在较深层的污染介质当中时，通常需要采用螺旋钻等深翻搅动装置来实现试剂的添加与均匀混合。

③ 固化/稳定化药剂配比与用量　有机物不会与水泥类物质发生水合作用，对于含有机污染物的污染介质通常需要投加添加剂以固定污染物。石灰和硅酸盐水泥在一定程度上还会增加有机物质的浸出。同时，固化剂添加比例决定了修复后系统的长期稳定性特征。

④ 地块地质特征　水文地质条件、地下水流速、场地上是否有其他构筑物、场地附近是否有地表水存在，这些都会增加施工难度，并会对修复后系统的长期稳定性产生较大影响。

⑤ 无侧限抗压强度　修复后固体材料的抗压强度一般应大于 $50Pa/ft^2$（约合 $538.20Pa/m^2$），材料的抗压强度至少要和周围土壤的抗压强度一致。

⑥ 渗透系数　衡量固化/稳定化修复后材料的关键因素。渗透系数小于周围土壤时，才不会造成固化体侵蚀和污染物浸出。固化/稳定化后固化体的渗透系数一般应小于 $10^{-6}cm/s$。

⑦ 污染物浸出特性　针对固化/稳定化后土壤的不同再利用和处置方式，采用合适的浸出方法和评价标准。

5.4　异位固化/稳定化

异位固化/稳定化是向污染土壤中添加固化/稳定化药剂，经充分混合，使其与污染介质、污染物发生物理、化学作用，将污染土壤固封为结构完整的具有低渗透系数的固化体，或将污染物转化成化学性质不活泼的形态，降低污染物在环境中的迁移和扩散。

异位固化/稳定化的适用性以及修复效果受土壤物理性质（机械组成、含水率等）、化学特性（有机质含量、pH 值等）、污染特性（污染物种类、污染程度等）的影响。为此，应针对不同类型的污染物选择不同的固化/稳定化药剂，并基于土壤类型，研究固化/稳定化药剂的添加量与污染物浸出毒性的相互关系，确定不同污染物浓度时的最佳固化/稳定化药剂添加量。

5.4.1　工艺流程

异位固化/稳定化的工艺流程主要包括：土壤挖掘与运输，预处理（水分调节、破碎、筛分等），药剂配制，药剂灌注，混合、搅拌，成型、养护，长期稳定性监测。

5.4.2　主要设备

① 土壤预处理系统主要设备包括挖掘机、破碎机、振动筛、筛分斗等。

② 药剂储存设备包括水泥仓、石灰仓 ［图 5-3(a)］ 等。

③ 药剂添加和混合搅拌系统主要设备包括双轴螺旋搅拌机 ［图 5-3(b)］、单轴螺旋搅拌机、切割锤击混合式搅拌机等。

(a) 水泥仓和石灰仓　　　　　　　　　　(b) 双轴螺旋搅拌机

图 5-3　异位固化/稳定化设备

5.4.3　关键技术参数或指标

① 固化/稳定化药剂的种类及添加量　应通过试验确定固化/稳定化药剂的配方和添加量，并考虑一定的安全系数。工程实践中，稳定化药剂添加量大都不高于5%，固化药剂添加量大都不高于20%。

② 土壤破碎程度　固化/稳定化药剂能否和土壤充分混合与土壤破碎程度有紧密联系。一般土壤颗粒最大的尺寸不宜大于5cm。

③ 土壤与固化/稳定化药剂的混匀程度　土壤与固化/稳定化药剂混合得越均匀，固化/稳定化效果越好。

④ 土壤固化/稳定化处理效果评价　稳定化处理后的土壤需进行浸出测试，固化效果评价还需进行无侧限抗压强度测试。

5.5　效果评价

修复效果评价以固化/稳定化产物能有效控制污染物的释放，从而实现对地下水（或地表水）的保护为主要目标，主要评价指标包括固化/稳定化产物的物理性能（抗压强度）、渗透性能（渗透系数）和浸

固化/稳定化的
效果评价

出毒性。特定条件下，还应评估其抗干-湿性（用试验结果进行评价）、抗冻-融性（用试验结果进行评价）、耐腐蚀性（用试验结果进行评价）和耐热性（导热与不可燃性，用实验结果进行评价）等。

5.5.1　抗压强度评估

固化/稳定化产物的抗压强度可通过无侧限抗压强度试验进行评估。无侧限抗压强度用来表征固化/稳定化产物承受机械压力的能力，其大小与固化/稳定化产物的水化反应程度及耐久性有关，是评价固化/稳定化效果的重要参考指标之一。

固化/稳定化产物的抗压强度应根据其最终用途或接收地的相关要求来确定。对于一般的危险废物，固化/稳定化产物的无侧限抗压强度在 0.1～0.5MPa 便可；用作建筑材料，需要大于 10MPa；处理放射性废物产出的固化产物的抗压强度要大于20MPa；做卫生填埋处理时，根据《生活垃圾卫生填埋处理技术规范》（GB 50869）的相关规定，需要满足无侧限抗压强度≥50kPa 的相关规定；作公路路基时，根据《城镇道路工程施工与质量验收规范》（CJJ1）的规定，城市快速路、主干路基层水泥稳定土类材料 7 天无侧限抗压强度为 3.0～4.0MPa，底基层为 1.5～5.5MPa；其他等级道路基层为 3.0～5.5MPa，底基层为 1.5～5.0MPa。抗压强度检测方法与标准可参考国内相关技术规程，如《后锚固法检测混凝土抗压强度技术规程》（JGJ/T 208）、《水泥胶砂强度检验方法（ISO 法)》（GB/T 17671）、《公路工程无机结合料稳定材料试验规程》（JTGE 51）、《公路工程质量检验评定标准　第一册　土建工程》（JTGF80/1）等。

5.5.2　渗透性能评估

固化/稳定化产物的抗水渗透性能可通过渗透试验来评价。常用的试验方法为《普通混凝土长期性能和耐久性能试验方法标准》（GB/T 50082）中的抗水渗透试验方法。由于固化/稳定化产物的渗透系数较小，为了准确且快速测定其渗透系数，一般采用变水头试验法，将固化/稳定化产物密封后压入抗渗仪的试模中，每隔一定时间增加一定的水压，测定固化/稳定化产物表面的渗水体积。

5.5.3　浸出毒性评估

根据固化/稳定化产物的最终去向与用途，可选择适当的浸出毒性评估方法对固化/稳定化产物进行浸出毒性评估，评估标准按照固化/稳定化产物接收地的相关要求确定。对于稳定化后原位回填的土壤，其浸出毒性的评估方法可参照《固体废物浸出毒性浸出方法　水平振荡法》（HJ 557），评估标准一般采用《地表水环境质量标准》（GB 3838）的Ⅳ类标准；若修复目标地块边界半径 2000m 范围内存在饮用水源地、集中地下水开采区、涉水风景名胜区和自然保护区等水环境敏感点，则执行Ⅲ类标准。对于用于填埋的固体废物，其浸出毒性的评估方法可参照《固体废物浸出毒性浸出方法 硫酸硝酸法》（HJ/T 299），浸出毒性评估标准可参考《危险废物填埋污染控制标准》（GB 18598）。

固化/稳定化产物长期浸出毒性评估可采用 MINTEQA2、PHREEQC 等热力学模型以及费克扩散模型、缩核模型等进行评估。浸出毒性的评估指标一般为浸出率（R_n），指标准比表面积的样品每日浸出污染物的量，计算公式为：

$$R_n = \frac{a_n/A_0}{(F/V)t_n}(\text{cm/d}) \tag{5-1}$$

式中　a_n——第 n 个浸提剂更换期内浸出的污染物质量，g；

　　　A_0——样品中原有污染物质量，g；

　　　F——样品暴露出来的面积，cm^2；

　　　V——样品的体积，cm^3；

　　　t_n——第 n 个浸取剂更换期所经历的时间，d。

固化/稳定化产物的抗干-湿性、抗冻-融性、耐腐蚀性和耐热性等评价可参考国内相关的标准，如《水泥抗硫酸盐侵蚀试验方法》（GB/T 749—2008），或通过试验确定。

5.5.4　增容比评估

由于添加了黏合剂，固化/稳定化产物的体积较原介质的体积会有所增加，可通过计算增容比来描述其体积增量，即危险废物固化后固化体体积与危险废物原体积比，计算公式为：

$$C_i = V_2/V_1 \tag{5-2}$$

式中　C_i——增容比；

　　　V_1——固化前危险废物的体积，m^3；

　　　V_2——固化体体积，m^3。

增容比是评价固化处理方法和衡量最终成本的一项重要指标，应越低越好。

5.6　实训项目　重金属污染土壤固化/稳定化

近年来，我国重金属污染土壤固化/稳定化工程越来越多，呈快速增长的势头，并逐渐成为主导技术，工程规模也从几百立方米发展到几十万立方米。固化/稳定化技术不仅在污染土壤修复中应用，而且是河道污染底泥处理的重要技术，应用在汞、铅、镉、砷等重金属污染土壤和底泥处理中，并在多环芳烃和农药污染的底泥处理中逐渐应用起来。化学氧化和固化/稳定化联合修复有机污染河道底泥的技术也已开始应用。

5.6.1　实训目的

① 能够运用污染土壤水泥固化的方法，初步控制影响固化体制备的因素。

② 能够运用所学知识设计并优化固化实验条件。

5.6.2　实训原理

① 固化基本原理：将水泥和其他添加剂加入污染土壤中，用水拌和混炼后，物料中的成分会发生一系列的水化反应。所有的水合物都有胶结作用，促进物料的凝结，逐渐硬化，最后得到一定强度的固体。

② 固化影响因素：污染土壤的特性、水泥的种类、水泥的配比量、添加剂的种类和配比量、拌和的水或其他溶液的数量、制作固化体时的密实程度、固化的温度、养护方法和时间等。

5.6.3　实训仪器及耗材

（1）实训仪器

模具、铲子、量杯、秤或天平、搅拌桶、强度试验机等。

（2）实训耗材

污染土壤、水泥、粉煤灰、石灰等。

5.6.4　实训内容及步骤

（1）实训内容

① 配料及制作固化体　按污染土壤∶水泥∶水＝1∶（1％,3％,5％）∶（30％,40％,50％）的比例进行配料。

② 风干养护　将制好的固化体放置在室内常温下风干养护一段时间（24h）。

③ 计算增容比　增容比指所形成的固化体体积与被固化有害废物体积的比值，是鉴别处理方法好坏和衡量最终成本的一项重要指标。

$$C_i = V_2/V_1$$

式中　C_i——增容比；

　　　V_2——固化体体积，m^3；

　　　V_1——固化前有害废物的体积，m^3。

④ 测定抗压强度　测定实验中制备的固化体所能承受的压力，将其置于材料压力试验机上，施加一定压力后，固化体开始破裂，压力从最大值开始下降，记下此时的最大压力。

圆柱形固化体的抗压强度以每平方厘米压力值来表示，单位是 Pa。其计算公式为：

$$p = \frac{F}{A} \times 10$$

式中　p——抗压强度，MPa；

　　　F——液压机的最大压力，kN；

　　　A——受力面积，cm。

⑤ 测定其浸出率：

$$\eta_{浸} = \frac{M}{M_0} \times 100\%$$

式中　M_0——危险废物中重金属物质的量，mg/g；

　　　M——危险废物浸出的重金属物质的量，mg/g。

（2）实训步骤

① 配料

a. 按照配方的百分量换成各种原料的质量，称好后倒在搅拌桶中，混合均匀。

b. 用量杯盛水加入混合料中，将水和料搅拌均匀，继续加水混合，当混合料全部润湿（以不见水为准）时停止加水，记下用水量。

② 制块

a. 将配好的料用铲子铲进模具内（模具使用前必须清理干净，并涂上一层润滑油），边加料边捣实，要求压好的团块断面刚好平模具的顶端。

b. 过一段时间，将压块推出，放在室内指定位置。

c. 风干养护。

d. 计算增容比。

e. 测定抗压强度。

f. 测定其浸出率。

5.6.5　数据记录与处理

完成实训数据记录表（表5-2）。

表5-2　实训记录表

配料	污染土壤	水泥	石灰	水
质量/g				
质量分数/%				
增容比	固化前重金属污染土壤体积 /mm³		固化体的体积 /mm³	
抗压强度/MPa				
浸出率				

注：污泥密度5.6g/mL。水泥密度3.0～3.15g/cm³，石灰密度3.25g/cm³，水密度1g/cm³。

5.6.6　实训注意事项

① 配料前先根据模具的大小估算需要配料的量，做到不多加不少加。

② 实训完毕，须清洗干净仪器。

5.6.7　结论分析

根据实训的结果，分析以下问题：

（1）对自己制备的固化体进行评价（可从抗压强度、渗透性能、浸出毒性、增容比方面进行评价）

_____

_____

_____

（2）影响水泥固化的因素有哪些？你在实训中是如何控制的？

_____

_____

_____

思考题

1. 固化/稳定化技术工艺主要有哪几个步骤？请分别简要说明。

2. 请列举固化/稳定化材料。

3. 固化/稳定化实施完成后，如何进行增容比评估？

第6章

阻隔技术

 学习目标

知识目标

（1）掌握阻隔技术的原理、类型及适用性。

（2）掌握阻隔措施设计的步骤及要求。

（3）理解阻隔技术的实施过程，以及阻隔措施维护与操作。

能力目标

（1）能够根据场地条件选择合适的阻隔措施。

（2）能够设计阻隔实施工艺流程。

素质目标

（1）持之以恒，具有在平凡岗位上做出不平凡成绩的决心。

（2）知难而进、迎难而上，勇于面对前进道路上的困难和挑战。

（3）具有不盲从、不畏惧、追求真知的精神。

任务导入

【任务1】粤北某砷矿开采始于20世纪90年代，于2001年左右关停。砷矿开采时，选矿遗留大量含砷废渣露天堆放，对周边环境造成持续污染。

随着社会的进步和人民生活水平的提高，环境问题越来越受到关注。国家陆续出台了一系列规范文件及标准。2016年，国家正式发布了《土壤污染防治行动计划》，是当前和今后一个时期全国土壤污染防治工作的行动纲领。历史遗留土壤环境问题会逐步得到解决，恢复青山绿水，保障人居安全。特别是党的二十大强调，坚定践行习近平生态文明思想，坚持稳中求进工作总基调，扎实推进美丽中国建设，生态环境保护工作取得了来之不易的新成效。因此，对历史遗留矿区进行污染源综合整治，显得尤为迫切。

对该矿区开展污染源综合整治，废砷矿渣及砷污染土壤经开挖、异位固化稳定化处理并养护完成后，进行阻隔回填。技术路线如图6-1所示。参照现行《危险废物填埋污染控制标准》（GB 18598）、《生活垃圾卫生填埋场防渗系统工程技术标准》（GB/T 51403）、《垃圾填埋场用高密度聚乙烯土工膜》（CJ/T 234）、《污染地块风险管控技术指南——阻隔技术（试行）》（征求意见稿）等进行阻隔填埋区设计、建设和运营。

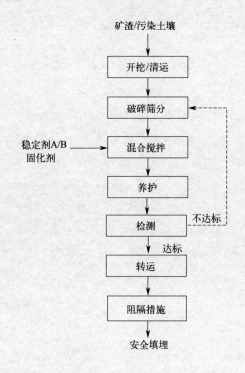

图6-1　技术路线

阻隔回填由防渗系统、覆盖系统、排水系统构成。

（1）库底防渗工程设计

填埋库区防渗系统采用双人工复合衬层作为防渗层，其中库区底部防渗层结构（如图6-2所示）由下至上依次为：

① 压实黏土衬层：300mm压实基础土层，饱和渗透系数小于1.0×10^{-5} cm/s，压实系数不小于0.93。

② GCL防渗层：4800g/m^{2}钠基膨润土防水毯。

③ 膜防渗层：厚度2.0mm的HDPE（高密度聚乙烯）双光面土工防渗膜。

④ 膜上保护层：600g/m^{2}聚酯长丝针刺无纺土工布。

⑤ 渗滤液导流层：300mmϕ20～60碎石层。

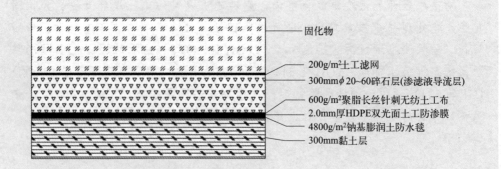

固化物

200g/m²土工滤网

300mmφ 20~60碎石层(渗滤液导流层)

600g/m²聚脂长丝针刺无纺土工布

2.0mm厚HDPE双光面土工防渗膜

4800g/m²钠基膨润土防水毯

300mm黏土层

图 6-2   回填库区底部防渗结构大样图

⑥ 反滤层：200g/m² 土工滤网。

库区边坡防渗层结构（如图 6-3 所示）由下至上依次为：

① 压实黏土衬层：200mm 压实基础土层，且其被压实、人工改性等措施后的饱和渗透系数小于 1.0×10^{-5} cm/s，压实系数不小于 0.93。

② GCL 防渗层：4800g/m² 钠基膨润土防水毯。

③ 膜防渗层：厚度 2.0mm 的 HDPE 双糙面土工防渗膜。

④ 膜上保护层：600g/m² 聚酯长丝针刺无纺土工布。

⑤ 渗滤液导流层：5mm 厚三维复合排水网格。

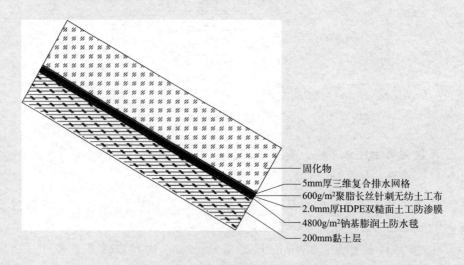

固化物

5mm厚三维复合排水网格

600g/m²聚脂长丝针刺无纺土工布

2.0mm厚HDPE双糙面土工防渗膜

4800g/m²钠基膨润土防水毯

200mm黏土层

图 6-3   回填库区边坡防渗结构大样图

（2）封场覆盖系统

覆盖系统主要包括防渗层、排水层和植被层三部分。防渗层采用 1.5mm 厚双糙面 HDPE 膜＋300mm 厚膜下保护压实黏土层组合；排水层采用 5mm

厚三维复合排水网格；植被层由 500mm 厚覆盖支持土层及 200mm 厚表土层组成，用于植被复绿。

（3）地下水导排与监测

对回填区地下水进行导排，避免地下水渗入库区。地下水导排管采用 ϕ250 HDPE 穿孔管，敷设于碎石盲沟内，沟内回填 ϕ20～60mm 碎石，盲沟外包裹 200g/m² 无纺土工布。地下水经排水管自流至下游地下水检测井，然后溢流至下游冲沟。

对地下水水质进行持续监测。设置地下水监测井 7 口，其中上游设置 1 口，两侧各设置 1 口，下游设置 3 口，地下水出水口设置检测井 1 口。监测频次为一季度一次。如发现监测结果异常，应及时采取措施。

【任务 2】广州某电梯厂于 2009 年落地建设，占地面积为 9.27hm²，主要生产垂直电梯和扶手电梯。规划用地性质为商业商务混合用地、二类居住用地、中小学用地、体育用地及公园用地等。主要污染物为砷，最高污染浓度 301mg/kg。污染土壤约 1.16×10⁴m³。

（1）修复目标

清挖后基坑土壤中砷浓度满足居住区≤50mg/kg、商业区≤70mg/kg。污染土壤依照《固体废物浸出毒性浸出方法 水平振荡法》（HJ 557—2010）进行检测；验收标准按照《地下水质量标准》（GB/T 14848—2017）Ⅳ类水标准。

（2）技术选择

该项目污染土壤土层分布较复杂，在所揭露深度 8.5m 范围内主要由黏性土、粉性土组成，渗透系数较低。综合污染物特性、浓度、土壤、地下水特征以及项目开发建设需求，对污染土壤采用"异位固化/稳定化+阻隔填埋"技术，处理后的土壤回填在规划绿地及体育用地下方的阻隔回填区；控制保护区的污染区域采用原位工程阻隔技术。

（3）工艺实施步骤

工艺实施步骤包括清挖运输、污染土壤与固化稳定化药剂混合、堆置养护与检验、清挖效果验收与回填等。

（4）修复效果

阻隔回填区成功设置了四层的封闭结构，由外至内分别为钢筋混凝土、土工布、HDPE 膜、土工布。原位工程阻隔修复技术采取的阻隔层厚度、混凝土搅拌桩直径与深度和结构完整性等工程指标均通过了土建施工验收，所采取工程控制措施能有效切断污染途径，相应的污染土壤得到了阻隔控制，避免了二次污染，顺利通过验收。

6.1 技术介绍

6.1.1 阻隔技术的原理

阻隔技术是将污染土壤或经过治理后的土壤置于防渗阻隔填埋场内，或通过敷设阻隔层阻断土壤中污染物迁移扩散的途径，使污染土壤与四周环境隔离，避免污染物与人体接触和随降水或地下水迁移进而对人体与周围环境造成危害。阻隔为施工于污染介质周围的地下沟渠、地墙或地膜所组成的垂直阻隔系统，有时也与地面生态覆盖系统结合。阻隔系统主要有以下几方面的功能。

阻隔技术

① 阻断污染土壤与人体的直接接触；
② 阻止受污染地下水迁移扩散；
③ 阻断污染土壤或污染地下水挥发出的气体扩散。

早期阻隔技术主要用于防止建设工程外侧土壤坍塌或外围地下水渗入基坑，钢板桩是普遍采用的阻隔技术。

6.1.2 技术的主要类型及适用性

（1）按实施方式分

阻隔技术按照实施方式分为原位阻隔覆盖和异位阻隔填埋。

原位阻隔覆盖是将污染区域通过在四周建设阻隔层，并在污染区域顶部覆盖隔离层，将污染区域四周及顶部完全与周围隔离，避免污染物与人体接触和随地下水向四周迁移。也可以根据污染场地实际情况结合风险评估结果，选择只在场地四周建设阻隔层或只在顶部建设覆盖层。

异位阻隔填埋是将污染土壤或经过治理后的土壤阻隔填埋在由高密度聚乙烯膜（HDPE）等防渗阻隔材料组成的防渗阻隔填埋场里，使污染土壤与四周环境隔离，防止污染土壤中的污染物随降水或地下水迁移，污染周边环境，影响人体健康。该技术虽不能降低土壤中污染物本身的毒性和浓度，但可以降低污染物在地表的暴露量及其迁移性。

水平阻隔

（2）按布置形式分

阻隔技术按照布置形式分为水平阻隔和垂直阻隔两大类。

水平阻隔相对简单，可分为混凝土水平阻隔、黏土水平阻隔、柔性水平阻隔等三种类型。垂直阻隔可分为取代法、挖掘法、注射法等基本类型。各类型垂直阻隔系统的特点及适用性见表6-1。

垂直阻隔

表 6-1　不同类型垂直阻隔系统的特点及适用性

类型	举例	适用性
取代法	钢板桩 震动波墙 膜墙	适用于大多数土壤类型,但大石头、岩石或大量废弃物的存在或许会影响施工
挖掘法	横切堆积墙 浅层切断墙 喷射灌浆 泥浆沟渠 混凝土横隔墙	应用广泛,适用于大多数土壤和岩石类型
注射法	水泥或化学灌浆 喷射灌浆 喷射混合	适用于粒状土壤或破碎的岩石,而黏土或废弃物应用效果较差
其他	电动力学阻隔 生物阻隔 化学阻隔	新型阻隔技术在不断发展,其适用性也在研究中

　　阻隔技术需基于污染地块风险三要素分析和设定的风险管控目标来判断其适用性,同时还要考虑其与其他技术经济成本的比较情况。阻隔技术实施的工作程序包括设计、施工和监测维护等内容。设计阶段需考虑工程建设、阻隔材料选择、主要暴露途径和使用寿命等因素;施工阶段的质量直接关系到阻隔措施的效果,因此应做好质量控制与质量保证,确保阻隔措施完全按照设计说明实施;同时,阻隔措施需要开展常规监测,证明阻隔系统达到设计目标的最初性能,并确保在地块开发后阻隔效果得以持续。此外,阻隔措施需要进行长期维护,如果定期监测结果表明阻隔措施未能达到预期效果,应及时进行修理或更换。

6.2　阻隔技术设计要点

　　阻隔技术设计的主要内容包括技术可行性评价、潜在暴露途径确定和风险管控目标设定。

6.2.1　技术可行性评价

　　为评价阻隔技术在项目地块上的可行性,应当充分表征受污染环境介质的特征及范围,明确污染物迁移途径及敏感受体,建立地块概念模型。对受污染环境介质,除了污染状况外,还应考虑包气带土壤及含水层土壤的性质(如土壤类型、粒径)、地下水单元的特征(如水力传导率、含水层厚度、孔隙率)等。

6.2.2　潜在暴露途径确定

通过建立地块概念模型，确定项目地块的潜在的完整暴露途径，包括以下几点。

① 划定受污染环境介质的区域；

② 明确污染物迁移的机理和过程；

③ 确定潜在的人类受体及风险特征。

6.2.3　风险管控目标设定

阻隔技术的主要原理是切断暴露途径，因此风险管控的目标应基于地块污染状况及暴露途径的分析而确定。阻隔系统的类型选取主要应基于既定的风险管控目标和需要切断的暴露途径，来确定选用垂直阻隔系统还是水平阻隔系统。例如设计垂直阻隔系统时应考虑以下几方面。

① 施工所需的深度；

② 可接受的完整性程度（如初始有效性）；

③ 拟安装的阻隔系统与当地环境的兼容性。

垂直阻隔系统主体设计指标主要取决于拟达到的阻止污染物迁移的能力与稳定性，因此需要考虑以下因素。

① 污染物迁移的驱动力和潜势；

② 阻止污染物迁移扩散的能力；

③ 系统的设计寿命。

其中，驱动污染物迁移的潜势包括以下几方面。

① 流体静力学作用，即因水压差异产生的迁移；

② 电动力学作用，即由电动势差引起的污染物迁移；

③ 化学作用，即由污染物浓度或其他物质浓度不同引起的污染物迁移；

④ 热力学作用，即由水温梯度引起的污染物迁移；

⑤ 渗透作用，即由渗透压差异引起的污染物迁移。

阻隔成效与以上作用密切相关。

阻隔材料的选择，关键指标是其渗透性。大多数情况下，阻隔材料或阻隔系统与当地环境介质之间需要存在渗透性差异。阻隔材料或阻隔系统的吸附性能也是一个关键的因素。此外，在水分变化引起土壤变干或土壤再饱和条件下阻隔系统的自我修复特性也相当重要。

6.3　实施方法

阻隔措施可以减少或消除表层、深层土壤中关注污染物暴露产生的环境风险。污染土壤阻隔措施也称为工程屏障、工程覆盖等，其中工程屏障指沥青、混凝土等结构元素，工程覆盖指厚度元素。

除了阻隔系统设计与建设的一般技术要求外，污染土壤阻隔措施的设计与建设还应考虑土地的最终利用类型，如污染地块再开发利用为停车场、公园、道路等情形，阻隔系统应与开发建设合理衔接。

6.3.1 技术准备

首先应通过地块调查，查明受污染环境介质的性质、程度和范围，确定当前或未来土地用途下潜在暴露途径。还需考虑阻隔材料与关注污染物的化学相容性，选择合适的阻隔措施、材料类型，确保控制措施实施后不易发生降解或不良反应。

6.3.2 有效区域与边界

地表阻隔措施的范围应当完全覆盖关注污染物浓度超过可接受风险值水平的区域。在边界确定时要考虑取样点的数量、数据变化性以及需要实施风险管控的范围。

6.3.3 规模和材料规格

表层阻隔可以设置厚度为 $0.6\sim0.9m$ 的土层，也可以设置沥青或混凝等。另外，阻隔措施不能存在过多的开口或非均质性物质。

（1）规模

根据地块资料，确定表层土壤阻隔措施的规模及注意事项。

（2）土壤性质

采用的土壤性质需考虑土地再开发利用计划。用于景观美化的顶层土能提供有利于植物生长的覆盖层，若覆盖层成分为未分类的干净土及石头，则该覆盖层可维持阻隔结构的稳定性并限制污染接触。

（3）土壤层厚

与污染土壤接触的土层厚度一般设定为 $91.4cm$，这是因为与沥青或混凝土相比，土壤相对容易移动或穿透。对于石油类碳氢化合物来说，小于 $91.4cm$ 厚度的土壤层就能有效减少土壤蒸汽的挥发。部分管理机构认为小于等于 $76.2cm$ 的土壤厚度也可以接受。设计元素的最小结构完整性必须加以考虑，比如 $5cm$ 厚的混凝板能有效减少直接接触带来的风险，但如果作为结构单元来考虑就不能保证其有效性。因此，在考虑预期使用、设计寿命及有效维护时，要求混凝土厚度至少为 $7.6cm$。

（4）其他注意事项

在选择阻隔措施时需要考虑的其他事项包括：下覆层（垃圾堆、软土）带来的控制层沉降；地震条件；冰冻深度；径流和腐蚀控制；坡度；与有毒下覆材料的兼容性和下覆材料散发的气体管理。

6.3.4 施工规范

施工规范可直接指导地表及地下工程控制措施的建设，建设的工业标准可以验证其结构质量。影响阻隔措施有效性的关键因素包括路基预备、两种不同屏障或覆盖层间的连接。

(1) 路基预备要求

阻隔措施等级必须能够支持设计元素。在进行阻隔措施前，要进行地块清理及植物清除。路基面要划分到建设要求的等级界限内，等级划分时要考虑是否存在污染土壤以避免污染扩散，对于软、湿路基来说要加强路基强度，并注意监测凹陷现象；如果软、湿路基凹陷现象严重，则需要移除、替代或压实湿软部分。

(2) 两种不同控制措施的联合使用

为保证两个元素间的充分衔接，必须充分考虑两种不同控制措施的连接问题。例如，在某污染地块沥青和混凝土控制措施相邻区域，为保证沥青形成一个稳定的直线特征，必须首先铺设混凝土层；为减少潜在腐蚀性及维护事项，要增加土壤覆盖层或者土壤屏障；播种、铺草皮或其他种植都有助于减少表面侵蚀以及维护活动。阻隔区域与相邻区域间的逐步过渡要纳入建设过程，如超过阻隔覆盖区域的地表要逐步回降至原高程。

6.3.5 阻隔效果的评价

阻隔措施的效果应当在定期监测结果的基础上进行评价。针对污染土壤的阻隔主要阻断皮肤直接接触、偶然摄入污染土壤或吸入污染土壤颗粒物等暴露途径，目的在于控制表层土壤扬尘和控制残留污染物向地下水中迁移。

① 防止人体与污染土壤的直接接触；

② 防止污染土壤的偶然摄入；

③ 防止土壤颗粒物以扬尘形式进入空气。

如果阻隔措施未能达到预期效果，需要调整风险管控技术，或调整风险管控目标及地块开发计划。

6.4 典型的阻隔措施

目前，典型的阻隔措施有泥浆墙、灌浆墙、板桩墙、土壤深层搅拌以及土工膜五种技术类型，技术特点见表6-2。典型的阻隔措施应具备结构要素或厚度要素，或二者同时具备。结构要素主要依赖其固有的物理强度，使人体与污染土壤的直接接触最小化，其类型有沥青路面、混凝土路面、建筑板及其他地基类型。厚度要素主要依赖材料的厚度、深度或体积特征，减少人体与污染土壤的直接接触，主要类型有压实的黏土、绿化措施及清洁土壤等。

表 6-2 典型地下阻隔墙技术特点

项目	泥浆墙	灌浆墙	板桩墙	土壤深层搅拌	土工膜
适宜条件	土壤类型和污染物性质影响泥浆墙材料的选择,地形条件影响施工方式	土壤类型和密度影响灌浆能力	密实土壤和坚硬的岩石区域难以施工	密实土壤和坚硬的岩石区域限制钻探能力	与泥浆墙配合使用时,场地条件影响施工方式
建筑材料	黏土、膨润土、水泥、混凝土、粉煤灰等	水泥、膨润土、混凝土	钢板、铝板、预制混凝土	黏土、水泥、混凝土等	高密度聚乙烯
建筑深度	可达 60m 以下	深度可达 45～60m,受土壤密度和类型影响	深度有限(30～45m),受地下岩石影响	深度可达 35m,受土壤密度和类型影响	深度有限,受安装方式影响
施工方式	开挖回填,需要泥浆混合区域	压力灌浆;喷射灌浆;化学灌浆	打桩或钻孔机器将板桩打入土壤	原位施工,使用深层搅拌机混合	挖沟机、振动梁、泥浆支撑等
场地扰动	需要开挖,废物处理量大,工人存在暴露风险	不需要开挖,工人暴露风险小	不需要开挖,工人暴露风险小,噪声大	原位施工,开挖量小,工人暴露风险小	需要开挖
主要缺点	地下污染物可能腐蚀墙体,干湿/冻融循环可能导致墙体裂缝,仅限于垂直方向	很难保证多个土柱间的连续性,土柱间的空隙可能导致泄漏	板桩连接处容易渗漏,比其他垂直阻隔墙成本高	土柱较小,难以保证墙体的连续性,污染物、岩石混合进入墙体可能导致建设问题	材料易受到机械损坏,低温条件下易脆裂
技术优点	施工技术成熟,建设快速	适应多种类型的土壤,在狭小区域也能安装	可建成不规则的墙体;抗化学腐蚀	适应所有类型的污染,狭小区域也能安装	渗透性低于其他墙体,抗腐蚀性强,理论使用寿命为 300a

6.5 实训项目 阻隔措施对土壤污染物的释放速率影响实验

6.5.1 实训目的

渗透系数 k,是表示阻隔材料防水性能的数量指标。本实验通过土工合成材料防渗性能-渗透系数的测定方法确定阻隔过程中阻隔材料的渗透系数。样品在一定压力水差作用下可能会产生微小渗流,测定在规定水力压差下一定时间内通过试样的渗流量(即渗流速度)及试样厚度,即可计算求得渗透系数。

6.5.2 实训方法

渗透性测定装置应包括进水调压装置、渗透仓、渗流量测定装置等。其主要部件及要求如图 6-4 所示。

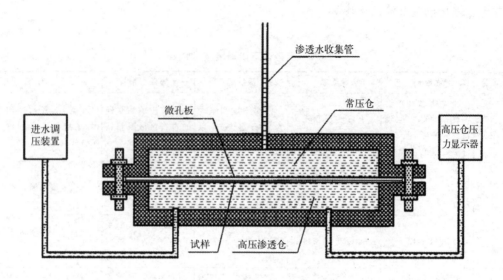

图 6-4 渗透性测定装置示意图

进水调压装置包括水源、气源、调压阀等，分为高、低压进水系统，调压范围至少 0～2.0MPa，应具有压力恒定功能，加压系统精度±2%。

渗透仓一般为圆筒状，由高压仓（上游仓）和低压仓（下游仓）组成，内腔直径为 200mm±5mm；仓内低压一侧紧贴试样须有一微孔板，微孔板能保证水能渗过而试样不发生变形；试样夹持部分应保证无侧漏，或应有侧漏补偿装置（注：渗透仓内腔直径也可根据需要选用，但截面面积不小于 200cm²）。

渗流量测定装置的测量精度为 0.1cm³。

6.5.3 分析方法

（1）试样准备

① 选取阻隔技术对应的防渗材料 2 种，命名为试样 1 和试样 2。

② 在取样时和取样后，要注意确保样品在测试前其物理状态没有发生变化。

③ 如暂不取试样，应将样品保存在干燥、干净、避光处，防止受到化学物品浸蚀和机械损伤（注：部分样品可以被卷起，但不能折叠；部分样品既不能卷起也不能折叠）。

④ 用于每次试验的试样，应从样品中长度和宽度方向上均匀地裁取，且距样品边缘至少 100mm。所裁取的试样均不得有污折孔洞或其他在生产加工过程中产生的可视缺陷。

（2）试验环境条件

试验水温应控制在 20℃±3℃范围，条件受限时，需记录实际水温。

（3）试验程序

① 将试样浸在水中，并使之充分润湿，一般需浸水 1h 以上；为使试样完全润

湿，可在水中加入不超过 0.05％的非离子润湿剂。

② 将润湿的试样装入渗透仓，高、低压仓同时充水，这一过程应将装置浸在水中进行，以保证渗透仓内为无气泡水。

③ 调节高、低压仓进水量至达到规定水力压差 Δp，通常规定水力压差为 01MPa。

④ 保持试样两侧水力压差 Δp 恒定。

⑤ 每隔一定时间记录一次低压侧通过试样方向的渗流量（也可测定高压侧的失水量），记录间隔时间视具体试样而定，以保证所测渗流量的精确度为原则，一般取60min 或其倍数，读取精度至 $0.1cm^3$。

⑥ 当流量基本稳定（连续两次记录值的变化率在 5％以内）时则可停止试验，以最后一次的测定时间 t 和渗流量 V 作为测定结果，同时记录试验水温 T。

⑦ 按以上程序进行其余试样的试验。以平均值作为结果。

⑧ 如需测定不同水力压差条件下的渗透系数，可改变压差，重复以上步骤。

6.5.4　结果计算

根据实训分析，对每个试样按下式计算渗透系数或透水率，并以 3 个试样的平均值作为样品的检测结果，计算修约至 0.1×10^n。

$$k = Vh\eta/(tA\Delta p)$$

式中　k——渗透系数，cm/s；

　　　t——测定时间，s；

　　　V——时间 t 内的渗流量，cm^3；

　　　A——试样有效渗流面积，cm^2；

　　　h——试验压力 Δp 下试样的厚度（指其中主要防渗层如膜材的厚度，按GB/T 13761 规定的方法测定，如果该层结构难以从试样中整体分离，则可按设计值计），cm；

　　Δp——试样两侧水力压差，以水柱高计（按 $1kPa \approx 10cm\ H_2O$ 折算），cm；

　　　η——水的黏滞系数比。

$$\eta = \eta_T/\eta_{20} = 1.762/(1 + 0.0337T + 0.00022T^2)$$

式中　η_T——试验水温 T 为 0℃时水的黏滞系数，kPa·s；

　　η_{20}——20℃水温时水的黏滞系数，kPa·s；

　　　T——试验水温，℃。

常用水温对应的黏滞系数比参考《土工合成材料 防渗性能 第 2 部分 渗透系数的测定》(GB/T 19979.2—2006) 附录 A。

6.5.5　结论分析

根据测试结果，填写下表：

参数记录		测试温度 $T/℃$	测定时间 t/s	渗流量 V/cm^3	渗透系数/(cm/s)
试样 1	平行 1				
	平行 2				
	平行 3				
试样 2	平行 1				
	平行 2				
	平行 3				

请结合上面的实验结果，简单总结实验结论（100 字左右）。

_____

_____

_____

_____

_____

 思考题

1. 请简述阻隔技术的原理。

2. 按照布置形式阻隔技术有哪几种类型？

3. 请列举典型的阻隔措施。

第7章

水泥窑协同处置技术

 学习目标

知识目标

（1）掌握水泥窑协同处置技术的原理。

（2）掌握水泥窑协同处置技术的适用条件。

（3）熟悉水泥窑协同处置技术的实施过程。

能力目标

（1）能够针对不同类型污染土壤判断水泥窑协同处置技术的适用性。

（2）能够编制污染土壤水泥窑协同处置技术实施方案。

素质目标

（1）贯彻生态文明建设理念，自觉推动绿色发展、循环发展、低碳发展。

（2）培养独立获取知识的能力，具有一定的技术应用能力。

任务导入

　　随着我国工业化和城市化进程的不断加快，原有工业与商住混杂的城市空间已不能适应城市发展的需要。《关于推进市区产业"退二进三"工作的意见》[穗府（2008）8号]指出，推进市区产业"退二进三"工作，是实施城市"中调"战略、优化城市产业结构和空间布局、走新型工业化道路的重要举措，是实施"青山绿地、蓝天碧水"工程、改善城市环境的重要组成部分。城市"退二进三"遗留下来的受长期工业活动影响的土壤需要得到妥善处理处置。水泥窑协同处置技术作为"资源化、无害化"处置污染土壤的新方法得到广泛应用。

广州市黄埔区某木材厂地块占地面积 71238.48m²。该厂始建于 1952 年，建设前为农田；1952～2000 年，先后建设了铁路运输装卸区、堆木场、木材仓库、机修分厂、板式家具厂、油库、溶剂仓、新制材厂和胶黏剂仓等；2001 年，因产业结构调整，包含地块在内的木材厂改建为木材市场，地块西、北部建筑改建为仓储式商铺，东、南部区域原干燥窑、仓库等建筑仍保留，作木材仓储用途；2015 年，木材市场停止运营并搬迁。根据规划，该地块拟由工业用地调整为商业兼容商务用地。

通过初步采样、详细采样和补充采样三个阶段的调查，根据地块内土壤调查与监测结果可知，地块内超筛选值点位共 14 个，超筛选值土壤样品量为 21 个，污染物均为砷，最大污染浓度为 98.5mg/kg，超筛选值范围为 0.03～0.64，超筛选值深度为 0～5.0m。基于非敏感用地方式，地块内需要修复的土壤污染物为砷。砷污染土壤面积为 1524m²，需修复区域位于地块南部干燥窑和干材仓库区域，需修复土方量为 1629m³。

综合地块基本特征，考虑技术成熟性、处理效果、修复时间、修复成本、修复工程的环境影响等因素，经综合比选，最终选定水泥窑协同处置技术进行修复。

地块内所有清挖、筛分后的污染土壤及水处理产生的底泥均运输至水泥厂进行协同处置。利用水泥厂新型干法水泥窑及原有水泥工艺，污染土壤与其余生料平摊混合，以 1‰～3‰ 的添加比例与生料进行配比及烘干后喂入上料设备，经窑高温焚烧处理，降低污染物活性，最终成为成品水泥。

经修复后，污染土壤全部修复合格，修复过程未对周边环境造成二次污染，项目顺利通过验收。

7.1 技术应用

7.1.1 水泥窑协同处置技术的原理

水泥窑协同处置技术是水泥工业提出的一种新的废弃物处置手段，该技术是利用水泥回转窑内温度高、气体停留时间长、热容量大、热稳定性好、碱性环境、无废渣排放等特点，在生产水泥熟料的同时，焚烧固化处理污染土壤。它是指将满足或经过预处理后满足入窑要求的固体废物投入水泥窑，在进行水泥熟料生产的同时实现对固体废物的无害化处置过程。

水泥窑协同
处置技术

水泥窑协同处置主要由土壤预处理系统、上料系统、水泥回转窑及配套系统、监测系统组成。在生产水泥熟料的同时，焚烧固化处理污染土壤。有机物污染土壤从窑尾烟气室进入水泥回转窑，窑内气相温度最高可达 1800℃，物料温度约为 1450℃，在水泥窑的高温条件下，污染土壤中的有机污染物转化为无机化合物，高温气流与高细度、高浓度、高吸附性、高均匀性分布的碱性物料（CaO、$CaCO_3$ 等）充分接触，有效地抑制酸性物质的排放，使得硫和氯等转化成无机盐类固定下来；重金属污染土壤从生料配料系统进入水泥窑，使重金属固定在水泥熟料中。

7.1.2　技术的适用性

该技术适用于污染土壤，主要用于处理挥发性及半挥发性有机污染物（如石油烃、农药、多环芳烃、多氯联苯等）、重金属等。

由于水泥生产对进料中氯、硫等元素的含量有限值要求，须满足《水泥窑协同处置固体废物污染控制标准》（GB 30485）、《水泥窑协同处置固体废物环境保护技术规范》（HJ 662）等相关要求；有机物和挥发性、半挥发性重金属不得从生料磨投加；对重金属入窑浓度有限制；需考虑污染土壤中氯、氟和硫的含量，以确定污染土壤的添加比例；必要时需对水泥窑进料系统和尾气处理系统进行改造。

① 水泥回转窑系统配置　采用配备完善的烟气处理系统和烟气在线监测设备的新型干法回转窑，单线设计熟料生产规模不宜小于 2000t/d。

② 污染土壤中碱性物质含量　污染土壤提供了硅质原料，但由于污染土壤中 K_2O、Na_2O 含量高，会使水泥生产过程中中间产品及最终产品的碱当量高，影响水泥品质，因此，在开始水泥窑协同处置前，应根据污染土壤中的 K_2O、Na_2O 含量确定污染土壤的添加量。

③ 重金属污染物初始浓度　入窑配料中重金属污染物的浓度应满足《水泥窑协同处置固体废物环境保护技术规范》（HJ 662）的要求。

④ 污染土壤中氯元素和氟元素含量　应根据水泥回转窑工艺特点，控制随物料入窑的氯和氟的投加量，以保证水泥回转窑正常生产和产品质量符合国家标准，入窑物料中氟元素含量不应大于 0.5%，氯元素含量不应大于 0.04%。

⑤ 污染土壤中硫元素含量　水泥窑协同处置过程中，应控制污染土壤中的硫元素含量，配料后的物料中硫化物与有机硫总含量不应大于 0.014%。从窑头、窑尾高温区投加的全硫与配料系统投加的硫酸盐硫总投加量不应大于 3000mg/kg。

⑥ 污染土壤添加量　应根据污染土壤中的碱性物质含量，重金属含量，氯、氟、硫元素含量及污染土壤的含水率，综合确定污染土壤的投加量。

7.1.3　协同处置工艺过程

水泥窑协同处置的土壤修复技术包括污染土壤贮存、预处理、投加、焚烧和尾气处理等过程。在原有的水泥生产线基础上，需要对投料口进行改造，还需要必要的投料装置、预处理设施、符合要求的贮存设施和实验室分析能力。

土壤预处理过程在密闭环境内进行，主要包括密闭贮存设施（如充气大棚）、筛分设施（筛分机）、尾气处理系统（如活性炭吸附系统等），预处理系统产生的尾气经过尾气处理系统后达标排放。

上料系统主要包括存料斗、板式喂料机、皮带计量秤、提升机，整个上料过程处于密闭环境中，避免上料过程中污染物和粉尘散发到空气中，造成二次污染。

水泥回转窑及配套系统主要包括预热器、回转式水泥窑、窑尾高温风机、三次风管、回转窑燃烧器、箅式冷却机、窑头袋式收尘器、螺旋输送机、槽式输送机。

废气处理与监测系统主要包括二氧化硫、粉尘、氮氧化物等废气处理设施，以及水泥窑尾气在线监测和水泥熟料的定期监测设施，保证污染土壤处理的效果和生产安全。

水泥窑协同处置污染土壤技术主要包括水泥窑焚烧处置和热脱附与水泥窑结合处置两种方法。

7.1.3.1　水泥窑焚烧处置

水泥窑焚烧处置是将污染土壤直接送入回转窑，利用水泥回转窑温度高、热容量大、热稳定性好、无废渣排放等特点，在生产水泥熟料的同时处理污染土壤，实现水泥窑协同处置污染土壤资源化、无害化的要求。但该技术处置污染土壤能力、种类受水泥窑系统限制，处理后土壤不能直接利用，污染土壤也会对水泥品质和窑况产生影响，系统处置能力和稳定性不高。水泥窑焚烧处置技术的处理周期与水泥生产线的生产能力及污染土壤投加量相关，而污染土壤投加量又与土壤中污染物特性、污染程度、土壤特性等有关，一般通过计算确定污染土壤的添加量和处理周期，添加量一般低于水泥熟料量的 4%。

水泥窑焚烧处置工艺流程见图 7-1。

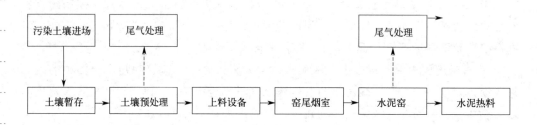

图 7-1　水泥窑焚烧处置污染土壤工艺流程

① 污染土壤进场后暂存。

② 在密闭设施内对土壤进行筛分预处理，密闭设施配备尾气净化设备，保证筛分过程中产生的废气能达到排放标准。

③ 筛分后的土壤运至污染土壤卸料点，卸料点由密闭输送装置连接至窑尾烟室，卸料区设置防尘帘等密闭措施。

④ 污染土壤经板式喂料机进入皮带秤计量，计量后的土壤经提升机提升后由密

闭输送装置进入喂料点，送入窑尾烟室高温段焚烧。

⑤ 污染土壤中的有机物经过水泥窑高温煅烧彻底分解，实现污染土壤的无害化处置，土壤则直接转化为水泥熟料，尾气达标排放，整个过程无废渣排出。

7.1.3.2　热脱附与水泥窑结合处置

热脱附与水泥窑结合处置工艺整合了两项技术的优势。热脱附技术获得稳定、廉价的热源，低成本、高效率地处理尾气并解决了热脱附后土壤去向问题。该工艺同时解决了水泥窑协同处置技术中污染土壤从高温段投加时处理量小的问题，并大幅度减小对水泥工况的影响，更有利于水泥产品质量的稳定。

该技术具有适用范围广、无废渣排出等特点，提高了设备的污染土壤处理能力和处理后土壤再利用水平，是一项节能、高效、低成本的绿色修复技术，广泛应用于有机和部分重金属污染土壤处置方面。以 3000t/d 的水泥生产线为例，热脱附与水泥窑结合处置系统每小时可处理污染土壤 10～20t。通过在水泥窑系统外挂热脱附设备，将水泥窑部分三次风引入热脱附设备中，将污染土壤中的污染物质脱附出来，脱附后的尾气通过带有风机的风管导入水泥窑三次风管、分解炉或篦冷机处焚烧净化，脱附后的污染土壤作为水泥原料使用，工艺流程见图 7-2。

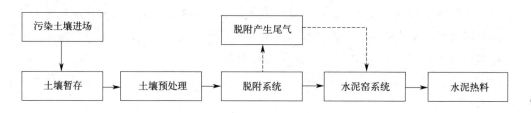

图 7-2　热脱附与水泥窑结合处置污染土壤工艺流程

① 将挖掘后的污染土壤在密闭环境下进行预处理（去除砖头、水泥块等影响工业窑炉工况的大颗粒物质）。

② 通过筛分、脱水、破碎、磁选等，将污染土壤从车间运送到脱附系统中。

③ 将水泥窑热风引入热脱附设备，污染土壤被间接加热至污染物的沸点后，污染物与土壤分离，脱附后的尾气经水泥窑系统处理。

7.2　实施方法

水泥窑协同处置危险废物在欧美国家已经有 30 多年的历史，建立了比较完善的质量保证体系。我国利用水泥窑协同处置固体废弃物的研究与实践始于 20 世纪 90 年代。2013 年，环境保护部（现生态环境部）颁发了相应的技术规范和标准，自此水泥窑协同处置固体废物逐渐形成规模，在土壤污染修复中的应用也越来越广泛（表 7-1）。

表 7-1 国内部分水泥窑协同处置污染土壤案例

序号	项目名称	类型	污染物	工程/m³	处理技术	时间
1	湖北某制药厂污染土壤修复项目	重金属	砷、镉、铅、汞等	2606	水泥窑协同处置	2022年
2	江苏徐州某化工厂污染土壤修复项目	有机物＋重金属	氰化物、砷、镉、铅、苯并[a]蒽等	31527	水泥窑协同处置	2022年
3	北京某玻璃加工厂污染土壤修复项目	重金属	砷、铅	2000	水泥窑协同处置	2020年
4	苏州机械仪表电镀厂原址场地污染土壤治理修复项目	重金属	砷、铬、铜、锌、镍、氰化物	40883	水泥窑协同处置	2014年
5	北京某染料厂污染土壤修复项目	有机物＋重金属	六氯苯、三氯苯、镉、铬等	520000	热脱附＋水泥窑协同处置	2011年
6	常州某化工厂污染土壤修复工程	有机物	氯仿、二氯乙烷、甲苯、苯胺	137000	水泥窑协同处置	2010年

污染土壤水泥窑协同处置工作主要分为施工准备阶段、污染土壤清挖转运阶段与水泥窑协同处置阶段，进场后先进行施工准备，后同步进行污染土方开挖、运输与水泥窑协同处置，基坑清挖效果评估合格并通过项目修复效果评估后，再进行回填。施工技术路线见图7-3。各阶段主要的工作内容如下。

① 施工准备阶段 主要包括场地平整、三通一平、项目部建设、场内功能区建设、人员培训、坐标控制点移交等。

② 污染土壤清挖转运阶段 主要包括定位放线、污染土壤分层清挖筛分、污染土壤转运、自检、修复效果评估等。

③ 水泥窑协同处置阶段 主要包括污染土壤入水泥厂喂料仓、喂料与焚烧处置。

7.2.1 施工准备

根据组织设计，进场后开始进行项目部建设，接入水电，现场设置办公区、仓库等，工期较短，项目部采用集装箱搭建，同时设置消防措施，现场布置"五图一牌"；对现场有关施工人员及运输司机进行施工安全培训，进一步指导施工工作。

根据总平面布置进行洗车台及沉淀池、冲洗区、废水处理设施、暂存区及筛分区等各个功能区的建设，并根据实际进度，后期进行适当调整，精化组织。

7.2.2 污染土壤清挖转运

根据土壤污染风险评估报告所标识的污染区域及污染深度，对污染土壤进行彻底清挖，如图7-4所示。为了不影响水泥的正常生产、污染控制和水泥产品的质量，对开挖的土壤进行预处理，并存放在专门建设的污染土壤暂贮存设施中，以便后期转运

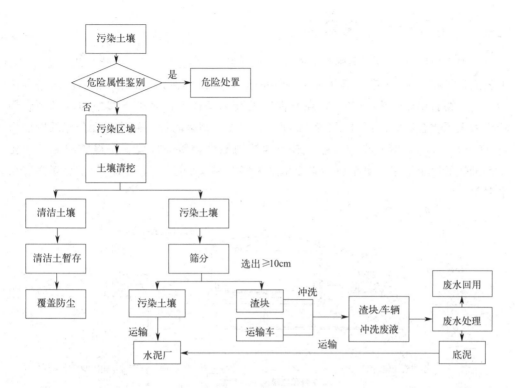

图 7-3　施工技术路线

处置。

图 7-4　土壤清挖

　　不同于一般土石方工程，污染土壤运输过程中要严格避免出现洒落现象，采用专用的密闭运输车辆运输，运输车辆车况完好，符合国家道路交通安全管理法规的相关要求。车辆驾驶人员持证上岗，进行岗前培训。车辆驶离现场前在洗车台经高压水枪将车轮及车身等冲洗干净。

7.2.3 水泥窑协同处置阶段

水泥窑协同处置污染土壤是指在生产水泥熟料的同时，焚烧固化处理污染土壤，工艺流程见图7-5。污染土壤从窑尾烟气室进入水泥回转窑，窑内气相温度最高可达1800℃，物料温度约为1450℃，在水泥窑的高温条件下，污染土壤中的有机污染物转化为无机化合物，高温气流与高细度、高浓度、高吸附性、高均匀性分布的碱性物料（CaO、CaCO₃等）充分接触，有效地抑制酸性物质的排放，使得硫和氯等转化成无机盐类固定下来；重金属污染土壤从生料配料系统进入水泥窑，使重金属固定在水泥熟料中。

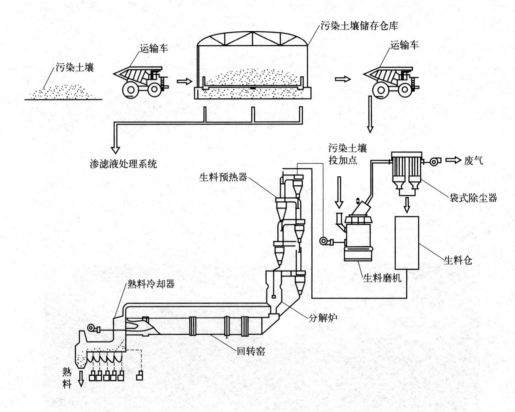

图7-5　污染土壤水泥窑协同处置工艺流程

7.2.3.1 生料制备

（1）破碎工艺

水泥生产过程中，大部分原料要进行破碎，在物料进入粉磨设备之前，尽可能将大块物料破碎至细小、均匀的粒度，以减轻粉磨设备的负荷，提高磨机的产量。物料破碎之后，可减少在运输和贮存过程中不同粒度物料的分离现象，提高配料的准确性。

石灰石是生产过程中用量最大的原料，开采出来之后的颗粒较大，硬度较高，因此石灰石的破碎在水泥物料破碎中占有比较重要的地位。将石灰石通过破碎机进行一次和二次破碎，破碎成约 40mm 的石块。

（2）生料的预均化工艺

生料的预均化就是在生料的存、取过程中运用科学的堆取料技术，实现生料的初步均化。通过自动控制堆料机和取料机作业，能保证较好的均化效果和稳定的成分组成，并控制了储存和均化的无组织粉尘排放。原料预均化的原理是在物料堆放时，由堆料机把进来的原料连续地按照一定的方式堆成尽可能多的相互平行、上下重叠和相同厚度的料层。取料时，在垂直于料层的方向，尽可能同时切取所有料层，依次切取，直到取完，即"平铺直取"。石灰石原料和校正原料在原料堆场内利用自动控制堆料机储存为圆形或长条形预均化堆场。

污染土壤的预均化在破碎工艺之后进行，利用自动控制堆料机在密闭储存车间内将粒径≤30mm 的污染土壤铺成定型堆场。

如污染土壤量少且其粒径满足入窑要求，污染土壤也可直接卸在均化库，用机械进行平铺后与生料进行均化。

（3）生料的烘干工艺

由于在水泥窑窑体加热烧成过程中，物料的含水率对烧成水泥品质及燃料消耗有较大的影响，所以需要对进入煅烧工艺的生料进行烘干处置。生料的烘干是在生料磨中利用水泥窑废气余热进行的。

（4）生料的粉磨工艺

生料的粉磨利用生料磨进行，采用闭路操作系统。电动机通过减速装置带动磨盘转动，物料通过锁风喂料装置经下料溜子落到磨盘中央，在离心力的作用下被甩向磨盘边缘受到磨辊的碾压粉磨，粉碎后的物料从磨盘的边缘溢出，被来自喷嘴高速向上的热气流带起烘干，根据气流速度的不同，部分物料被气流带到高效选粉机内，粗粉经分离后返回到磨盘上，重新粉磨。细粉则随气流出磨，在系统收尘装置中收集下来。没有被热气流带起的粗颗粒物料，溢出磨盘后被外循环的斗式提升机喂入选粉机，粗颗粒落回磨盘，再次挤压粉磨。

7.2.3.2　生料的预热和部分分解

生料的预热和部分分解由预热器完成，代替回转窑部分功能，缩短回转窑长度，同时使窑内以堆积状态进行气料换热过程，移到预热器内在悬浮状态下进行，使生料能够同窑内排出的炽热气体充分混合，增大了气料接触面积，传热速度快、热交换效率高，达到提高窑系统生产效率、降低熟料烧成热耗的目的。

预热器的主要功能是利用回转窑和分解炉排出的废气余热加热生料，使生料预热及部分碳酸盐分解。为了最大限度地提高气固间的换热效率，实现整个煅烧系统优质、高产、低消耗，必须具备气固分散均匀、换热迅速和高效分离三个功能。

（1）物料分散

换热80％在入口管道内进行，喂入预热管道中的生料，在与高速上升气流的冲击下，物料折转向上随气流运动，同时被分散。

（2）气固分离

当气流携带料粉进入旋风筒后，被迫在旋风筒筒体与内筒（排气管）之间的环状空间内做旋转流动，并且一边旋转一边向下运动，由筒体到锥体，一直可以延伸到锥体的端部，然后转而向上旋转上升，由排气管排出。

（3）预分解

预分解是在预热器和回转窑之间增设分解炉并利用窑尾上升烟道，设燃料喷入装置，是燃料燃烧的放热过程与生料的碳酸盐分解的吸热过程，在分解炉内以悬浮态或流化态迅速进行，使入窑生料的分解率提高到90％以上，将原来在回转窑内进行的碳酸盐分解任务移到分解炉内进行；燃料大部分从分解炉内进入，少部分由窑头加入，减轻了窑内煅烧带的热负荷，延长了衬料寿命。

污染土壤在生料磨处投加进入，投加口设置了计量皮带和双层翻板锁风装置，污染土壤投加过程在密闭的带有传送装置的管道内进行，在该处与生料混合进入窑体回转煅烧，此处气体温度950～1050℃。

7.2.3.3 熟料烧成

生料和污染土壤进入回转窑体内后，物料中的碳酸盐进一步迅速分解并发生一系列的固相反应，生成水泥熟料中的矿物。随着温度升高至1500～2000℃，物料在熔融状态下发生化学反应生成硅酸盐矿物，硅酸盐矿物经急冷后成为硅酸盐水泥熟料。

7.2.3.4 熟料粉磨

熟料、混合材和石膏由输送系统分别输入配料库，并通过库下的计量系统计量配料。按比例配制的混合料送入各系统的辊压机称重仓内。混合料经称重仓喂入辊压机内挤压，挤压后的物料入料饼提升机提升入打散分级机，打散分级后的细物料送入水泥磨的磨头进行粉磨，由磨尾提升机提入水泥库系统，粗物料再入称重仓内循环挤压。

7.2.4 建筑垃圾及筛上物冲洗

污染土壤在清挖过程中可能含有大石块及砖渣等，为避免其混入污染土壤，影响污染土壤的后续水泥窑协同处置工作，清挖的污染土壤经过筛分预处理，预处理过程中的建筑垃圾及筛上物应分批次地转运至渣块冲洗区进行冲洗，见图7-6。冲洗废水流入三级沉淀池，经抽取至废水处理设施后进行处理，冲洗完成的建筑垃圾及筛上物转运至渣块暂存区堆放，检测合格并通过评审后进行场内回填。

7.2.5 废水收集、处理与回用

施工废水主要是洗车和渣块冲洗废水。冲洗废水收集于三级沉淀池，再统一抽至

图 7-6　建筑垃圾及筛上物冲洗

污水处理站，处理后的冲洗废水经检测合格后，用于现场洒水降尘、场地清洗。废水收集、处理后产生的底泥倒运至污染土堆，随污染土壤一起运至水泥厂进行水泥窑协同处置。

例如废水处理可采用絮凝沉淀技术。首先将冲洗废水统一收集抽至调节池，随后进入絮凝沉淀池后加入絮凝剂［硫酸亚铁和聚丙烯酰胺（PAM）］，使其发生絮凝沉淀反应，反应完全后的水收集暂存于清水集水桶，经检测满足标准后直接场内回用，若检测不合格则抽至絮凝沉淀池继续进行加药絮凝沉淀处理［废水处理后检测指标可参考《城市污水再生利用　城市杂用水水质》（GB/T 18920）建筑施工用水的标准，特征污染物指标可参考《地表水环境质量标准》（GB 3838）Ⅳ类标准］。絮凝沉淀产生的污泥统一收集并倒运至污染土堆，随污染土壤一起运至水泥厂进行水泥窑协同处置。常见废水处理工艺流程见图 7-7。

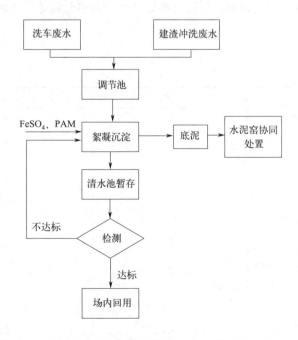

图 7-7　常见废水处理工艺流程

7.3 实训项目 污染土壤水泥窑协同处置可行性实训

随着我国产业结构的调整，大量工业企业被关停并转、破产或搬迁，腾出的工业企业场地作为城市建设用地被再次开发利用，但一些重污染企业遗留场地的土壤受到污染，无法满足建设地的环境质量要求，这些污染场地需治理修复达标后才能进行开发利用。污染土壤如何修复成为当前的研究热点，水泥窑协同处置技术因其处置彻底、受污染土壤性质和污染物性质的影响较少等优点也得到了广泛的研究与应用。

7.3.1 实训目的

本实训选取典型污染物 Cr、Pb、Cl，探讨其在水泥窑协同处置过程中的迁移转化规律，计算理论掺配比例及掺配量，分析典型污染物在协同处置过程中的理论分配情况。

通过对水泥窑协同处置危险废物中的污染元素进行迁移转化规律研究，能够针对性地控制入窑固体废物中污染物成分对生产系统、烟气排放、产品质量的影响。

7.3.2 实训材料

本实训的生料成分主要为水泥厂工业生料、石膏、标准砂、天然砂和一级去离子水等，实训中所用的试剂均为优级纯，分别为盐酸、硝酸、硫酸、氢氟酸、高氯酸、配制铅标准储备液的硝酸铅和配制铬标准储备液的重铬酸钾等。生料主要化学成分见表 7-2。

表 7-2 生料主要化学成分

化学成分	单位	生料中含量
loss(生料烧失量)	%	36.87
SiO_2	%	15.80
Al_2O_3	%	3.06
Fe_2O_3	%	1.83
CaO	%	43.64
MgO	%	0.72
K_2O	%	0.45
Na_2O	%	0.06
Cl	%	0.01
Pb	mg/kg	7.89
Cr	mg/kg	61.19

7.3.3 实训方法

7.3.3.1 样品制备

（1）重金属掺入

综合考虑入窑危废中有害元素的最大允许投加限值尽量满足《水泥窑协同处置固体废物环境保护技术规范》（HJ 662）的要求及实际工况，最终确定危废投加量与熟料的比例不超过1：15，按照Cr掺加量为75mg/kg、85mg/kg和95mg/kg，Pb掺加量为27mg/kg、47mg/kg和67mg/kg，氯掺加量为200mg/kg、300mg/kg和400mg/g，将重金属掺入生料中。然后先用混料机混合12min，再用行星式水泥胶砂搅拌机拌和20min。

（2）生料块的压制

生料的水分含量为6%，将重金属掺入生料并搅拌均匀后，使用压力为31MPa的压片机将生料压制成直径40mm、厚度10～12mm的试饼。

（3）熟料的烧成

将压制好的生料试饼平铺放在托盘中，在电热干燥箱中100℃下干燥2h以上。将干燥后的试饼在1000℃的马弗炉里预热30min，接着在1450℃的高温炉中灼烧30min。试饼经高温熔融后，取出急冷到室温，然后加入5%的二水石膏，在球磨机或玛瑙研钵中将其磨至细粉状，过200目筛后装入封口袋，检测备用。

（4）水泥试块及浸出液的制备

分别取上述水泥熟料磨细后，按照熟料：石膏：砂：水＝40：2：126：17的比例制作水泥试块并编号，在养护箱中养护28天后，再将制好的水泥试块磨细作为水泥粉末。

取10g水泥粉末，加入500mL水中，保持液体pH值为7.0，搅拌浸提2h，过滤，收集浸出液定容至1L，残渣再次加入500mL水中，保持液体pH值为3.2，搅拌浸提7h，静置过滤后收集浸出液定容至1L，混合作为最终浸出液。

7.3.3.2 分析方法

生料、熟料及浸出液中重金属的分析方法，首先通过HNO_3-HF-$HClO_4$消解法，使用微波消解仪将样品消解，消解液按照《水泥窑协同处置固体废物技术规范》（GB 30760）附录B的要求，进行过滤、酸化及检测，重金属含量的分析采用的是原子吸收分光光度计法。氯离子的分析方法采用磷酸蒸馏-汞盐滴定法。

7.3.4 结果计算

7.3.4.1 熟料中主要污染物迁移转化规律分析

水泥窑协同处置危险废物实验室模拟过程中污染物经高温煅烧后有2个流向，即挥发和进入熟料。重金属在水泥窑中的挥发性决定了其进入尾气中的量，重金属的挥发性受形态、煅烧温度等诸多因素的影响。

根据生料及熟料中污染物含量，可通过下式计算得到熟料中污染物固化比例。

$$G = 5\frac{K}{S} - loss$$

式中　G——熟料中污染物固化率，%；

　　　K——熟料中重金属元素含量，mg/kg；

　　　S——生料中重金属元素含量，mg/kg；

　　loss——生料烧失量，本次实验 loss 值取 36.87%。

（1）Cr 元素在熟料中的分配率计算

完成表 7-3 内容。

表 7-3　Cr 在熟料中的分配率

样品	生料中 Cr 含量/(mg/kg)	熟料中 Cr 含量/(mg/kg)	Cr 在熟料中的固化率/%
空白	61.19		
样品 1(A1)	75.00		
样品 2(A2)	85.00		
样品 3(A3)	95.00		

（2）Pb 元素在熟料中的分配率计算

完成表 7-4 内容。

表 7-4　Pb 在熟料中的分配率

样品	生料中 Pb 含量/(mg/kg)	熟料中 Pb 含量/(mg/kg)	Pb 在熟料中的固化率/%
空白	7.80		
样品 1(A1)	27.00		
样品 2(A2)	47.00		
样品 3(A3)	67.00		

7.3.4.2　浸出液主要污染物成分分析

根据《固体废物生产水泥污染控制标准》（征求意见稿），水泥产品中污染物含量不应超过表 7-5 规定的限值。

表 7-5　水泥产品中污染物含量限值

项目	限值/(mg/L)
总铬	0.1
铅及其化合物（以总 Pb 计）	0.05

（1）熟料中 Cr 元素浸出量计算

根据《固体废物生产水泥污染控制标准》（征求意见稿）监测熟料浸出液中 Cr 元素含量，如表 7-6 所示。

表 7-6　熟料浸出液中 Cr 元素实验记录表

样品	水泥中 Cr 浓度/(mg/kg)	水泥中 Cr 含量/10^{-6}g	浸出液中 Cr 浓度/(mg/kg)	浸出液中 Cr 含量/10^{-6}g	浸出率/%
空白					
A1					
A2					
A3					

（2）熟料中 Pb 元素浸出量计算

根据《固体废物生产水泥污染控制标准》（征求意见稿）监测熟料浸出液中 Pb 元素含量，如表 7-7 所示。

表 7-7　熟料浸出液中 Pb 元素实验记录表

样品	水泥中 Pb 浓度/(mg/kg)	水泥中 Pb 含量/10^{-6}g	浸出液中 Pb 浓度/(mg/kg)	浸出液中 Pb 含量/10^{-6}g	浸出率/%
空白					
A1					
A2					
A3					

7.3.5　结论分析

水泥煅烧过程中重金属的固化率受多种因素影响：一是重金属形成化合物后的特性，易挥发化合物的生成与原燃料中的碱、氯等密切相关，重金属容易以挥发性氯化物和碱盐的形式挥发出来；二是生料重金属掺入量也对重金属易挥发化合物的形成有不同程度的影响。请结合上面的实训结果，回答以下问题：

① 请分别说下 Cr 和 Pb 的污染物迁移转化规律。

_____

_____

_____

② 熟料中 Cr 和 Pb 元素的浸出量是多少？

_____

_____

_____

思考题

1. 目前我国常见的水泥窑协同处置方式是将污染土壤直接送入回转窑进行焚烧处置，请简单画出水泥窑焚烧处置工艺流程图。

2. 简述热脱附与水泥窑结合处置工艺的流程。

3. 水泥窑焚烧处置过程中，土壤中污染物发生了什么变化？

第 8 章

地下水可渗透反应墙技术

 学习目标

知识目标

（1）掌握可渗透反应墙技术基本原理和常用反应介质。
（2）熟悉可渗透反应墙的几种结构形式。
（3）熟悉可渗透反应墙的实施过程。

能力目标

（1）能够根据项目情况选择合适的可渗透反应墙结构形式和反应介质。
（2）能够开展可渗透反应墙的施工管理和运行。

素质目标

（1）培养爱国主义精神与家国情怀。
（2）具有良好的道德修养、心理素质和健康的体魄。

任务导入

　　某稀土冶选尾矿库地下水修复中试示范工程在前期水文地质勘探和地下水污染调查的基础上，采用注射型 PRB 修复技术。活性填料通过钻孔打井的方式在垂直于地下水流向上形成活性反应区。污染羽流经活性反应区时，污染物与活性填料接触，通过物理吸附和离子交换等作用，达到去除地下水中硫酸盐的目的。

　　根据实验室小试结果（表 8-1）及材料的经济适用性比较，使用沸石、活性炭、树脂三种材料作为复合活性填料，比例为 1 : 1 : 1。PRB 的使用寿命根据前期活性材料理论吸附容量和后期监测数据综合获得。填料到了使用寿命后，需进行更换，或经再生后继续使用。

表 8-1　不同修复材料对 SO_4^{2-} 的去除率一览表

序号	材料	去除率/%
1	活性炭	45.9
2	生物炭	37.7
3	硅藻土	1.6
4	凹凸棒土	14.5
5	沸石	33.5
6	层状双金属氢氧化物(LDH)	24.9
7	氢氧化锆	77.1
8	阴离子交换树脂 D301	98.9

　　PRB 工程设计采用了地下水流动与溶质迁移数值模型来确定注射的间距、反应滞留时间、安装止水帷幕前后对地下水水位的变化及污染物捕获率。设计深度综合考虑研究区含水层厚度、水文地质结构以及污染羽分布。

　　示范工程共设置反应注射井位 3 排，共 14 个点，相邻两点之间间隔为 3m。注射井之间形成半径约 1.5m 的活性区域。井深为 10～11m，涵盖所在区域潜水含水层。为了引导、汇集地下水污染羽进入修复区，使硫酸根离子能充分被填料吸附，在示范区两侧分别建设深度为 4.5m 的止水帷幕。

　　在地下水上游、活性反应区及地下水下游分别设置监测井。初步监测数据表明，各监测井地下水中硫酸盐已达到地下水质量标准Ⅲ类要求，并持续开展修复后期监测与评估。

8.1　技术介绍

　　党的二十大报告明确提出深入推进环境污染防治。坚持精准治污、科学治污、依法治污，持续深入打好蓝天、碧水、净土保卫战。加强土壤污染源头防控，开展新污染物治理。可渗透反应墙（permeable reactive barrier，PRB）技术作为一种新型土壤原位修复技术，是 20 世纪 90 年代发展起来的，是一种将溶解的污染物从污染水体中去除的钝性处理技术，主要用于处理苯系物、石油烃、氯化烃、重金属和放射性物质等，具有处理效果稳定、环境风险低、性价比高等特点。

污染物在土壤中不是固定不变的，随着土壤水分、土壤生物的活动等影响，污染物的状态、性质及位置都可能发生变化。由于污染物的迁移，土壤污染和地下水污染往往密不可分，因此，在修复土壤污染时，往往也要考虑地下水污染情况。

地下水渗透反应墙技术

8.1.1 PRB 技术原理

PRB 技术的原理是在浅层土壤与地下水之间填充活性材料，构筑一个具有渗透性、含有反应材料的墙体，并利用天然地下水力梯度使污染地下水优先通过渗透系数大于周围岩土体的透水格栅，并与填充在其内的活性反应介质相接触反应（吸附作用、沉淀反应、氧化还原反应和生物降解反应等），从而达到去除污染物的目的（图 8-1）。

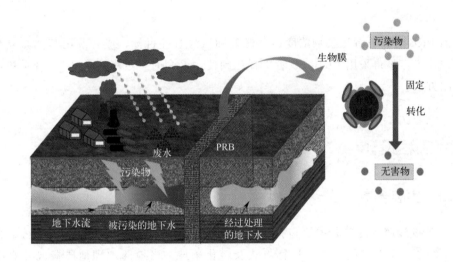

图 8-1　PRB 技术原理示意图

8.1.2 PRB 实施流程

PRB 实施流程主要包括建立地块概念模型、工程设计、工程施工、运行状况监测、效果评估和后期环境监测，以及工程关闭等步骤。

（1）建设地块概念模型

地块概念模型包含地质及水文地质特征、地下水中污染物分布特征、水文地球化学特征描述等。

（2）工程设计

根据地块污染特征、水文地质特征、修复和风险管控目标，结合反应介质选择结果，开展 PRB 的工程设计，确定 PRB 的类型、位置和尺寸，以及监测井的数量和位置等。PRB 工程设计的关键步骤包括地下水数值模拟、反应格栅厚度设计和地球化学特征评估等。

（3）工程施工

PRB 的工程施工包括反应区开挖、反应介质充填和隔水墙施工等。

（4）运行状况监测

PRB 运行状况监测包括污染物监测、水力性能评估监测和地球化学特征监测。

（5）效果评估和后期环境监管

效果评估按照《污染地块风险管控与土壤修复效果评估技术导则（试行）》（HJ 25.5—2018）和《污染地块地下水修复和风险管控技术导则》（HJ 25.6—2019）的要求，在工程设施完工 1 年内，在 PRB 上游、下游以及可能涉及的二次污染区域布设监测点，判断工程性能和水质指标是否达到评估标准。效果评估完成后，开展后期环境监管。

（6）工程关闭

当 PRB 上、下游污染物浓度达到修复和风险管控目标，或者改用其他修复和风险管控技术，不再采用 PRB，或者工程达到使用寿命时，可考虑关闭 PRB 系统，制定关闭方案。

8.2　工程设计

8.2.1　主要参数

PRB 设计涉及的参数主要包括：污染物特征，如非饱和土壤和含水层污染物的种类、浓度、三维空间分布、迁移方式及转化条件；当地的地理地质概况和水文气象、地下水的埋深、各运动要素、季节性变化；含水层的厚度及其渗透系数、孔隙率、颗粒粒径和级配、地下水的地球化学特性（如 pH 值、E_h、DO、温度、电导率，Ca^{2+}、Mg^{2+}、NO_3^-、SO_4^{2-} 等的含量等）；微生物活性和群落结构；现场施工条件、周边环境情况；工程施工的周期、成本。

完成后的 PRB 的生命周期应满足以下要求：a. 反应墙的渗透系数应大于含水层的渗透系数，以最大限度降低对地下水流场的影响；b. 根据污染物类型和分布状况，通过室内试验，选择适合的介质材料、墙体规模和方位，以保证修复效果；c. 设置必要的监测井，以监控 PRB 的性能，保证其长期安全运行和降低当地生态环境的不良影响；d. 尽可能做到安全、经济、技术及环保的最大优化。

8.2.2　主要内容

PRB 设计的内容主要包括 PRB 安装位置选择、结构选择、反应介质选择、方位确定、尺寸设计和渗透系数计算等。设计前需要调研污染物特征和测定现场水文地质条件参数,然后在试验室进行批量试验和圆柱试验,确定活性反应介质并测试其修复效果和反应动力学参数,建立水动力学模型。

8.2.2.1 安装位置选择

PRB 的选址直接关系到整个工程项目的预算和修复效果,主要依靠前期可行性调研,根据污染物特征、迁移方式和转化条件,当地的水文地质概况、地下水水动力参数和地球化学特性,以及现场微生物活性和群落等条件综合考虑。具体步骤如下。

第一步:通过土壤和地下水体取样、试验室测试研究、现有数据整理,圈定污染区域,其范围应大于污染物羽流,防止污染物随水流从 PRB 的两侧漏过去,建立污染物三维空间模型,然后选择计算范围,进而建立污染物浓度分布图。

第二步:通过现场水文地质勘查,绘出地下水流场,了解地下水大体流向。

第三步:依据地下水动力学,探讨污染物的迁移扩散方式和范围,在污染物可能扩散圈的近处初步划定 PRB 的安装位置。

第四步:在初定位置的可能范围内进行地面调查,为便于征地和施工,在非居住区确定 PRB 的最终安装位置。

8.2.2.2 结构选择

PRB 常见的类型包括连续型 PRB、漏斗-导水门型 PRB、注入式反应带等。

(1) 连续型 PRB

连续型 PRB 是在垂直于地下水流向上,设置含有一定渗透性的由反应介质组成的格栅,如图 8-2 所示。连续型 PRB 具有结构简单、设计安装方便、对天然地下水流场干扰较小的特点,适用于地下水位埋深较浅、污染物羽流规模较小的地块。

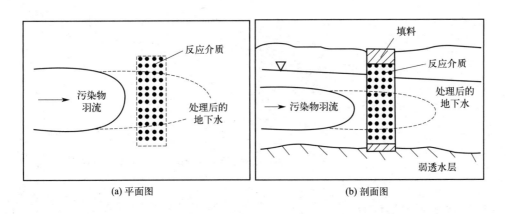

(a) 平面图   (b) 剖面图

图 8-2 连续型 PRB 示意图

（2）漏斗-导水门型 PRB

漏斗-导水门型 PRB 由低渗透性的隔水墙（漏斗）和具有渗透能力的反应介质（导水门）构成，隔水墙为阻水屏障，常见的类型有钢板桩和泥浆墙等，如图 8-3 所示。利用隔水墙控制和引导受污染地下水流汇集后通过导水门中的反应介质去除污染物，适用于地下水位埋深较浅、污染物羽流规模较大的地块。该类型 PRB 可减少反应介质用料，节省建造费用，但会对天然地下水流场产生一定的干扰。

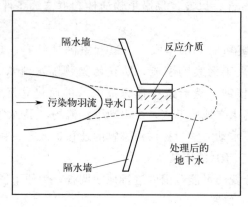

图 8-3　漏斗-导水门型 PRB 示意图

（3）注入式反应带

注入式反应带是利用若干处理区域相互重叠的注射井注入反应介质，形成带状的反应区域，将流经反应区的地下水中污染物去除，如图 8-4 所示。该类型 PRB 具有对环境扰动小、施工简单、可用于处理地下水埋深较深的污染物羽流等优点，但在低渗透性的含水层中较少使用。

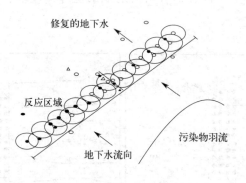

图 8-4　注入式反应带示意图

8.2.2.3　反应介质选择

反应介质是决定 PRB 技术修复效果的关键因素。在 PRB 修复系统内，污染物羽流在自然力梯度下穿过反应介质后被转化成环境可接受的物质从而达到修复的目的。

反应介质材料应满足经济和技术要求，实现低成本高效果的目标；所选反应介质材料应具有高力学和化学稳定性以及抗腐蚀性，以满足长期修复场地的需求；所选反应介质材料不能对修复场地产生二次污染。

根据反应介质与污染物羽流的作用不同，可把反应介质分为 4 类，即吸附类、化学沉淀类、氧化还原类以及生物降解类。常见的反应介质具体见表 8-2。

表 8-2　PRB 中常见反应介质

污染物	去除机理	常见反应介质
氯代烃、多氯联苯、硝基苯等	还原、降解	零价金属、双金属等
苯系物、石油烃、硝基苯等	吸附	活性炭、生物炭、石墨烯等
	氧化、降解	释氧化合物、微生物等
重金属(铬、铅等)	还原、吸附、沉淀	零价金属、羟基氧化铁、铁屑、双金属、氢氧化亚铁、连二亚硫酸盐等
重金属(铅、锌、铜、砷等)	吸附、沉淀	磷灰石、石灰、活性炭、氢氧化铁、沸石等
其他无机离子(氨氮、硝酸盐、磷酸盐等)	吸附、降解	沸石、活性炭、微生物等

（1）吸附类

吸附类反应介质是以吸附剂作为反应介质，通过反应介质的物理化学吸附、络合反应和离子交换作用将污染物（重金属、有机物、NH_4^+-N 等）吸附于吸附剂表面，以达到阻止污染物进一步扩散的目的，从而修复土壤。常见的吸附类反应介质有沸石、活性炭、赤泥、有机碳、陶粒、粉煤灰等。沸石是一种铝硅酸盐矿物，沸石表面孔隙结构允许其用于选择性吸附污染物，但不适合吸附有机化合物。低温对天然沸石吸附重金属产生不利影响。活性炭本身是一种很强的有机物吸附剂，对大分子的芳香烃、小分子腐殖质等有很高的吸附去除率。有国内学者将 ORC（释氧化合物）、GAC（活性炭颗粒）和 Fe^0 联合起来作为反应介质使用。该介质的优势在于能使温度、压力和二氧化碳的浓度保持一定的稳定性，不易形成沉淀，可防止"生物堵塞"。有机碳常用于吸附有机污染物，效果良好。但是，在使用过程中要考虑吸附容量大小以及吸附剂的及时清洗和更换工艺。

（2）化学沉淀类

化学沉淀类反应介质主要有改性赤泥、石灰石、炼钢炉渣等，利用反应介质与污染物羽流中的重金属离子发生化学反应产生难溶或不溶沉淀，以达到去除污染场地重金属离子的修复效果。改性赤泥含有铁铝的水合物、方钠石、氢氧化钙等碱性材料，pH 值为 8.0～10.5，对多数金属离子有较好的沉淀作用。

虽然化学沉淀类反应介质对重金属离子的去除率很高，但是随着使用时间的增加，沉淀物质的堆积日益严重，很容易堵塞 PRB 系统中的孔隙，使其修复土壤的能力下降。石灰石与土壤溶液中氢离子反应，使得土壤的 pH 值升高。金属离子（Me）与 OH^- 发生反应生成氢氧化物沉淀。但是如果土壤中硫酸盐的浓度较高，则不宜大量使用石灰石，因为生成的硫酸钙会覆盖在石灰石表面，导致石灰石失效。炉渣含有铁、钙、镁、铝元素的氧化物、硅酸盐以及硫和其他微量元素，同时其含有的石灰成分和硅铝酸盐可以作为缓冲剂，使得土壤 pH 值升高到 12～13。

（3）氧化还原类

氧化还原类反应介质是以还原剂为反应介质，通过反应介质的还原反应，将污染因子从高价态还原成低价态并进一步形成沉淀或气体，达到固化或气化污染物的作用从而净化水体。常见的氧化还原类反应介质为 Fe^0（ZVI）、Fe^{2+} 和双金属等金属材料。其中，ZVI 为使用最广泛的氧化还原类反应介质。ZVI 可为卤代烃提供电子，还原卤代烃生成挥发性气体乙烷和可溶性氯化物。ZVI 也可将铬酸根（CrO_4^{2-}）还原为三价铬化合物沉淀。

铁（Ⅱ）矿物也可将重金属离子等无机离子还原成单质或难溶性化合物沉淀去除；也可还原脱除卤素。双金属是指在一种金属的表面镀上第二种金属，采用活性差的金属作为 PRB 介质材料，用于还原地下水中的卤代烃等。

（4）生物降解类

生物降解类反应介质主要是通过好氧或缺（厌）氧微生物，在电子供体和碳源充足的条件下，降解土壤中污染物，达到修复土壤的目的。因此，生物降解类反应介质主要由好氧或厌氧环境、微生物载体、电子供体和碳源四部分组成。生物反应墙主要采用覆盖堆肥的方法将固态有机质混合堆放，使之发酵培育厌氧微生物，用于还原处理污染物，达到降解污染物的目的，树叶、木材废料和堆肥等廉价材料已经被广泛应用。生物降解类反应介质广泛用于处理土壤中苯系物（BTEX）、氯代烃、农药等有机污染物。生物降解类反应介质是环保型材料，对环境的负面影响较小。但是，在使用过程中要注意保持碳源的充足，以维持微生物正常的生命活动。

8.2.2.4　方位确定

一般来说，PRB 的走向垂直于地下水流向，以便最大限度截获污染物羽流。而地下水流向的确定主要依赖于现场水文地质勘察，这增加了设计中的不确定因素。特别是在不稳定、不均匀的地下水流场中，这种不确定因素更加突出。实际上，确定现场的地下水流向极其困难，特别是平原地区，即使了解当地的地下水大体流向，在反应墙（特别是漏斗-导水门式结构）附近也有可能发生改变，季节性降水也会影响地下水流向。因此，建立精确的地下水动力学模型具有重大意义。此外，应充分考虑污染物羽流的规模和流向，以便确定隔水漏斗与导水门的倾角，使污染物羽流不至于从旁迁回流出。在实际工程设计中，一般根据以下两点确定PRB 的走向：a. 根据长期的地下水水文资料，确定地下水流向随季节变化的规律。例如，在英国多佛海军基地 PRB 设计项目中，由当地水文地质资料分析得知，地下水流向随季节变化约 30°。b. 建立精确的地下水动力学模型，根据近乎垂直原理，确定反应墙的走向。

8.2.2.5　尺寸设计

PRB 的尺寸包括高度、宽度和反应墙的厚度，其主要取决于污染物的三维空间分布和地下水特征，直接关系到整个工程项目的成本投入。在 PRB 的设计中，确定 PRB 的厚度是至关重要的环节。反应墙的厚度（B）主要由地下水流速（v）和水力停留时间（t）来确定，见式(8-1)。

$$B = vt \tag{8-1}$$

式中，v 为地下水流速，cm/s；t 为修复污染物所需的反应时间，即污染物羽流在反应墙处的停留时间，对于混合污染物采用修复其中污染物的最长时间，s。

需注意的是，地下水流速（v）是指地下水通过反应墙的平均流速，主要由反应介质的孔隙率和含水层的渗透系数决定。在长期运行中，反应介质的孔隙率逐渐减小，因此在设计中一般采用最大流速值。此外，假如采用漏斗-导水门式结构，还应考虑隔水漏斗对地下水流速的影响，具体的影响系数还待研究。

污染物羽流在反应墙处的停留时间（t）主要由污染物的半存留期和流入 PRB 时的初始浓度决定。污染物的半存留期（$t_{0.5}$）由室内圆柱试验确定。由于现场的地下水污染物浓度分布不均匀，基于工程的安全长久性考虑，设计时一般按污染物的最大浓度值计算。此外，还要考虑到温度、反应介质密度和工程安全等因素。具体的计算公式为式(8-2)。

$$t = nt_{0.5}u_1u_2R \tag{8-2}$$

式中，n 为修复污染物浓度达到环境标准所需要的半存留期的次数；$t_{0.5}$ 为半存留期，$t_{0.5} = \ln2/k$（k 为一次反应速率）；u_1 为温度校正因子，温度主要通过阿伦尼乌斯方程影响其反应速率，可取 2.0～2.5，正常温度为 20～25℃；u_2 为密度校正因子，主要影响反应介质的渗透系数，可取 1.5～2.0；R 为安全系数，可取 2.0～3.0。

需要指出的是，以上的校正因子和安全系数是借鉴美国的《可渗透反应墙技术》，真正运用到国内相关工程中还需更多的工程实践验证和修改。PRB 的高度主要由不透水层或弱透水层的埋深和厚度决定。根据欧美国家多个 PRB 工程的现场经验可知，PRB 的底端嵌入不透水层至少 0.60m，以防止污染物羽流发生底渗作用流向下游地区。为了防止地下水溢出反应墙，加上地下水位的季节性波动，反应墙顶端的零价铁等反应介质易腐蚀，PRB 的顶端需高于地下水最高水位。PRB 的宽度主要由污染物羽流的尺寸决定，但考虑到地下水流向的不稳定和污染物羽流尺寸进一步扩大的可能，PRB 的实际宽度应该适当加大，防止污染物随水流从 PRB 的两侧漏过去，一般是污染物羽流宽度的 1.2～1.5 倍，漏斗-导水门式结构同时取决于隔水漏斗与导水门的比率及导水门的数量。考虑到工程成本因素，当污染物羽流分布过大时，可采用漏斗-导水门式结构的并联方式，设计若干个导水门，以节省经济成本和减少对地下水流场的干扰。

8.2.2.6　渗透系数计算

渗透系数又称水力传导系数（hydraulic conductivity），表示流体通过孔隙骨架的难易程度，见式(8-3)。

$$\kappa = k\rho g / \eta \tag{8-3}$$

式中，κ 为渗透系数；k 为孔隙介质的渗透率，它只与固体骨架的性质有关；η 为动力黏滞性系数；ρ 为流体密度；g 为重力加速度。

渗透系数是反应墙正常运行的关键参数之一，在 PRB 的设计中，必须要优化配置，在满足良好的修复效果的同时，必须选择合理渗透系数的填充介质。在设计中要注意渗透系数和修复效果之间的优化配置，既要有好的修复效果，又要保证合理的渗透速度，尽可能减少地下水流场干扰。在渗透系数较大的含水层，如果反应介质的渗透系数远大于含水层渗透系数，势必影响到活性介质的稳定性；而在渗透系数较小的含水层，如果反应介质的渗透系数远小于含水层渗透系数，则反应产物富集沉淀在反应墙的表面，易造成反应墙的堵塞，从而出现地下水的滞留现象，缩短 PRB 的使用期限。然而，建立计算反应介质渗透系数的精确理论公式比较困难。因此，反应介质的渗透系数与含水层渗透系数的具体倍数关系应针对现场实际情况加以试验模拟分析确定。调节反应介质的孔隙比或者密实度，以便获得最佳修复率，同时确保活性材料的长期使用。一般来说，PRB 的渗透系数是含水层渗透系数的 2 倍以上，对于漏斗-导水门式结构甚至是 10 倍以上。因此，为了确保其渗透性，墙体经常设计成由滤层（砂层）、筛网和反应材料组成。

8.2.3 典型 PRB 介绍

8.2.3.1 Fe^0-PRB

零价铁（Fe^0）是一种常见的用于土壤修复中的反应物，主要是因为土壤中的污染物会和化学性质活泼的颗粒铁发生反应。零价铁对挥发性有机氯化物的降解主要涉及以下三个过程。

① Fe^0 的电子转移到碱金属氯化物上。

② Fe^0 在水中氧化为 Fe^{2+}，Fe^{2+} 在水中进一步氧化为 Fe^{3+}。

③ Fe^0 在氧化过程中产生的氢离子与氯化物发生反应。

纳米 Fe^0 反应墙是采用纳米级的铁微粒作为反应物，该微粒比表面积大，和乳化液、水混合后能够直接注入土壤中。亲油性的挥发性有机氯化物与化学性质活泼的铁微粒的反应在乳化液的作用下进行，因而能够在较短时间内完成反应。

8.2.3.2 生物反应墙

生物反应墙（biological reaction barrier）是指在污染的地下水流向相垂直的方向用泥土建成长条形修复带，通过向土中注入反应剂促使或加速污染物的降解。生物反应墙主要应用于有机污染物降解，分为好氧型和厌氧型。好氧型需要良好的氧化条件，主要应用于苯类、轻质油类和氯乙烯的降解；厌氧型生物墙具有强还原条件下对卤化物脱卤的能力。

生物反应墙技术绿色、节能，但运行过程中容易受到众多因素的干扰，如污染物浓度、水层渗透系数、地下水水质和土壤特性等。因此，生物反应墙设计时需要构建模型，全面考虑污染源、羽流和土壤特性等情况，准确计算注入反应剂的量和浓度。

8.2.3.3　电动生物反应墙

电动生物反应墙（图 8-5）是新探索的土壤和地下水修复方法，主要原理是水在电极的作用下生成氧气和氢气，氧气和氢气在微生物的作用下对挥发性有机氯化物、苯类和油类物质进行分解。该技术同时具备了生物性和电化学性，是比较新型的修复技术，目前这项技术得到成功应用的案例还没有报道。

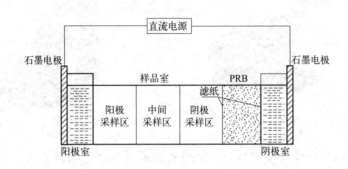

图 8-5　EK-PRB 联合修复模拟试验装置示意图

8.3　工程施工

PRB 工程施工主要包括填料区（反应区）施工、反应介质充填以及隔水墙施工三个方面。

8.3.1　反应区施工

反应区施工包括开挖式和非开挖式两种。

8.3.1.1　开挖式 PRB 施工方法

（1）沟槽式开挖

沟槽式开挖采用挖空回填的方式。首先采用吊车和振动打机将板桩掘进地下，以固定反应墙侧墙，然后将板桩内部利用反铲式挖掘机或抓斗式挖掘机形成连续的沟渠，并用砾石使其与含水层分开，之后再将活性填料回填到沟渠中。

反铲式挖掘机（图 8-6）是沟槽开挖最常用的设备。反铲式挖掘机通常适用于开挖 5m 内的浅层沟槽，是一种廉价、便捷的方法。反铲式挖掘机可以在地面上直接开挖至设计深度，或借助于中间平台，将深部地层的岩土运送到地表。

抓斗式挖掘机（图 8-7）可用于开挖 60m 深度的沟槽。钢索悬吊式机械抓斗挖掘机依靠起重机重力实现抓取，能准确地挖掘。与反铲式挖掘机相比，抓斗可以挖掘更深的沟槽底和边，但是效率低且花费大，容易被岩石损坏。

图 8-6　反铲式挖掘机　　　　　图 8-7　抓斗式挖掘机

双轮铣成槽机对地层适应性强，通过更换不同类型的刀具，可在淤泥、砂、砾石、卵石及中硬强度的岩石、混凝土中开挖，不适用于存在孤石、较大卵石等的地层。成槽深度可达 150m，一次成槽厚度一般在 800~2800mm 之间。双轮铣成槽机开挖是通过液压系统驱动下部两个轮轴转动，水平切削、破碎地层，反循环出碴，如图 8-8 所示。双轮铣成槽机钻进效率高，在松散地层中钻进效率为 $20~40m^3/h$，在中硬岩石中钻进效率为 $1~2m^3/h$。但该设备维护复杂且费用高。

（2）沉箱开挖

当开挖区域四周不稳定，有发生坍塌的危险时，可采用成本相对较低的沉箱承重罩来保护开挖区域。沉箱开挖利用预制的钢制沉箱帮助开挖，当沉箱达到设计深度时将其内部的土清空，然后填上反应介质。沉箱截面有多种形式，可以预制，或分段制成，然后在现场将每段焊接起来，形成沉箱。

（3）空心螺旋钻开挖

采用空心螺旋钻开挖时，要用一个或一排空心螺旋钻在地面钻孔，达到所需的 PRB 深度时，取出螺旋钻，将反应介质通过空心杆引入沟槽内。另外，反应介质可与可生物降解的浆料混合，通过中空杆泵入。通过钻一系列重叠的孔，安装连续型 PRB。

8.3.1.2　非开挖式 PRB 施工方法

由于开挖方法的经济成本与 PRB 安装的深度有很大的关系，开挖深度越大，所需费用越高。当深度较大时，采用直接将反应介质引入地下的方法进行 PRB 施工。

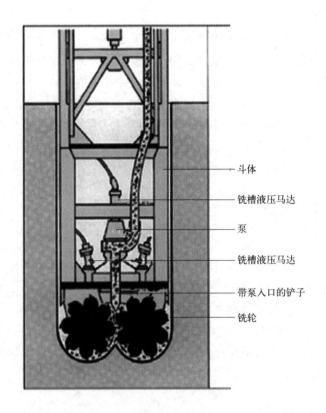

斗体

铣槽液压马达

泵

铣槽液压马达

带泵入口的铲子

铣轮

图 8-8　双轮铣成槽机工作原理

（1）水力压裂

　　构建较深的 PRB 时，水力压裂是一种有效的方法。水力压裂是将专用工具放入钻孔中产生定向裂缝，利用低速高压水流将材料注入土壤层，形成裂缝，由一系列并排邻近的钻孔水力压裂形成渗透反应墙。首先，沿拟建格栅位置构建一系列水力压裂井；然后，将专用钻井工具插入每口井中，在所需的方位和深度进行压裂；之后，将钻井工具取出后，在每口井内安装密封器；最后，通过一系列的压裂井注入反应介质，形成反应格栅。需要实时监测裂缝延伸的几何参数，以确保裂缝实现预期的连通或重叠。

（2）注浆

　　注浆是通过高压输送将浆体注入地下，利用高速注浆的冲蚀作用，使注入的浆液部分或全部取代土壤。根据不同的运送机，注浆系统分为单杆系统、双杆系统和三杆系统等。在单杆系统中，注入的流体为浆料；在双杆系统中，注入的是浆料和压缩空气，在高压浆料和空气的综合效应下，大部分土壤被浆料取代，剩余的土-浆料混合物形成 PRB 介质；在三杆系统中，注入的是浆料、空气和水，三者结合能使更多的土壤被移除，采用三杆系统几乎可以用浆料替换土壤。

（3）深层搅拌

在深层搅拌时，将配有搅拌浆的两个或三个专用推进器一字排开。这些推进器穿透地面，在旋转时搅拌土壤，当推进器撤回地面时，通过中空钻杆同时将反应介质注入。通过采用深层搅拌器连续重叠穿透地面，形成反应格栅，产生一系列反应介质土柱。通常情况下，每个土柱含 40%~60% 的反应介质。用该方法可获得深度为 35m的反应格栅。一般在不能挖掘的污染地块可采用该方法。这种方法适用于软土层。但需注意的是，注浆过程中不能引起土壤水力压裂。通常，深层搅拌比注浆价廉且效率高。

8.3.2 反应介质充填

开挖式 PRB 完成开挖后，开始进行反应介质充填。反应介质充填过程要保证反应介质分布均匀，密实度达到设计要求。常见的反应介质充填方法有以下 2 种。

① 直接充填法　适用于连续型 PRB、漏斗-导水门型 PRB，将反应介质通过反铲式挖掘机或重力作用直接充填到开挖的沟槽中。

② 钻机或注入井充填法　适用于注入式反应带，将反应介质用钻机或者注入井直接注入形成反应格栅，可使用压裂技术或压力脉冲技术，使反应介质能快速在含水层中扩散。

8.3.3 隔水墙施工

当采用漏斗-导水门型 PRB 时，需在导水门两侧构建隔水墙，使污染地下水汇流至导水门。常见的隔水墙类型有钢板桩、泥浆墙等。隔水墙需嵌入隔水层中，以防止地下水向下迁移；或安装为悬挂墙，以限制漂浮污染物。

（1）钢板桩

在大多数地块，可以相对迅速地安装钢板桩，尤其当安装受到水平空间限制时，采用钢板桩非常有效。就传统的钢板桩而言，密封钢板桩在 18m 内，足以保持钢板桩的完整和性能。在安装过程中，岩质土壤和固结/压实沉积物都可能破坏钢板桩。

通过工程改造可以克服隔水墙和导水门之间适当密封的难度，但在使用沉箱门的漏斗-导水门系统中很难采用钢板桩。

（2）泥浆墙

施工中较常见的泥浆墙是土-膨润土泥浆墙和水泥-膨润土泥浆墙，另一种较少见的类型是塑性混凝土泥浆墙。地块条件、渗透性、可塑性和性能是决定泥浆墙的可行性与使用寿命的重要因素。虽然泥浆墙有多种形式，但因泥浆墙和反应介质之间的缝隙很容易密封，特别适合安装在采用沉箱门的漏斗-导水门系统中。首先用反铲或抓斗，在液体泥浆下开挖一个沟槽进行施工。泥浆通常是膨润土和水的混合物，在墙面上方形成滤饼，有利于保持沟槽的完整性。然后，沟槽开挖后，迅速用水泥-膨润土或选定的土-膨润土回填，形成泥浆墙。

8.4　运行过程监测

PRB 工程运行期间，需对 PRB 性能进行监测，判定 PRB 修复和风险管控效果是否达到可接受水平、是否需要启动应急预案、概念模型是否需要修正等。PRB 性能监测指标包括污染物、水力性能和地球化学特征等。

8.4.1　污染物监测

PRB 工程运行期间的污染物监测井一般布设在 PRB 上游、下游、两侧和反应格栅内部。在 PRB 上游可设置一个或多个监测井，监测 PRB 进水浓度。在 PRB 两侧各布设一个或多个监测井，监测 PRB 截获污染羽的情况。在 PRB 反应介质中可安装小口径的监测井，监测污染物在反应格栅中是否存在穿透和绕流。在 PRB 下游设置一个或多个监测井，监测 PRB 对污染物的去除效果。如果污染物在含水层垂向上分布不均匀，可分层设置监测井，形成垂向分布的监测剖面。

一般情况下，PRB 工程运行的监测频次为 1 次/季度，在水力停留时间长的地块可适当降低采样频次，运行过程中可根据长期监测数据对监测方案进行优化。

8.4.2　水力性能评估

通过水力性能评估可评价 PRB 对污染物羽流的截获性能和污染物的停留时间。水力性能评估包括水力截获区计算和停留时间计算。

8.4.2.1　水力截获区计算

工程运行过程中实际水力截获区的宽度和方向可通过水力梯度计算法、原位地下水流速探测法、示踪试验法等确定。通过计算 PRB 水力截获区的大小，评估 PRB 是否有效截获污染物羽流。

（1）水力梯度计算法

水力梯度计算法是通过测量 PRB 及周围的地下水水位，确定地下水流向，根据等水位线图绘制流线，确定截获区。在 PRB 周围布设监测井并开展水位监测，为减小不确定性，水力梯度监测应集中在 PRB 上游的过渡带内。

（2）原位地下水流速探测法

原位地下水流速探测法是通过在监测井中安装原位地下水流向流速仪，长期监测地下水流速和流向。原位地下水流速探测法可提供连续的监测数据，适用于评价短期或季节性流速和流向变化。

（3）示踪试验法

示踪试验法是通过在 PRB 上游地下水监测井中注入已知量的示踪剂（如荧光剂、

溴化物等），在注入井下游的 PRB 边界处布设监测井，监测示踪剂的浓度，可提供上游水流流入 PRB 的直接证据。

8.4.2.2　停留时间计算

污染物在 PRB 内的停留时间会影响地下水中污染物去除效果。PRB 内地下水流速的动态变化可反映污染物停留时间，可利用示踪试验、原位流量探测仪等确定地下水流速，再根据反应格栅厚度计算停留时间。

8.4.3　地球化学特征监测

因反应介质表面产生沉淀，PRB 反应性和/或渗透性减弱，影响使用寿命，可通过地球化学特征变化来评估反应介质使用寿命。地球化学特征监测包括地下水地球化学参数监测和反应介质岩心测试等。

（1）地下水地球化学参数监测

污染地下水流过反应介质前后，地球化学参数的变化是反映沉淀反应发生程度的重要指标，监测的指标有 pH、E_h、DO、Ca^{2+}、Mg^{2+}、Fe^{2+}、Mn^{2+}、Cl^-、HCO_3^-、CO_3^{2-}、SO_4^{2-}、BOD_5、COD 等。通常每季度开展一次监测。

（2）反应介质岩心测试

反应介质岩心测试是评价 PRB 地球化学行为最直接的方式。反应介质岩心取样时，应尽可能靠近上游部位。岩心样品测试项目、测试方法及用途详见表 8-3。

表 8-3　岩心样品测试项目、测试方法及用途

测试项目	测试方法	用途
矿物组成	X 射线衍射（XRD）	定性或半定量分析反应介质中的矿物组分，如碳酸盐、磁铁矿、针铁矿等
元素含量	X 射线荧光光谱（XRF）	无损测定反应介质中不同元素的含量
不同元素在反应介质表面的分布	拉曼光谱（RS）、拉曼成像	半定量表征非晶体矿物以及晶体组分的分布，适用于铁的氧化物、氢氧化物、硫化物和碳酸盐的识别
有机组分中不同的官能团	傅里叶红外光谱仪（FTIR）、FTIR 与自动成像显微镜联用	测定反应介质中有机组分中不同官能团的存在
介质表面形态及元素分布	扫描电子显微镜（SEM）、二次成像（SEI）、能量色散光谱仪（EDS）	高分辨率表征介质表面形态和元素分布

8.5　实训项目　可渗透反应墙技术修复模拟重金属污染土壤

制革行业是以牛皮、羊皮和猪皮等为原材料进行深加工的行业，已经成为轻工业领

域的支柱产业。铬鞣剂是目前制革行业中最重要的鞣剂，其成品革的柔软性、收缩温度、粒面细致性、耐水洗能力等远远超过其他有机和无机鞣剂。因此，铬在制革行业中有着不可取代的地位。但在制革工艺中，铬的利用率仅为 60％～70％，生产过程中产生大量含铬废水以及废水处理的含铬污泥，排放到环境中造成了严重的污染。随着制革行业的快速发展，土壤铬污染问题日益严重，已经严重制约着社会经济的发展。

本实训项目以制革污泥堆场铬污染土壤修复为目标，通过改变还原剂与土壤中铬含量的摩尔比、土壤初始含水率、土壤 pH、反应时间等影响因素，比较纳米零价铁、硫化亚铁、硫酸亚铁、四氧化三铁等几种铁系物作反应介质的 PRB 技术还原六价铬的效果，系统评价对铬污染的修复效果，确定最优的六价铬还原剂以及相对应的还原条件。

8.5.1　实训仪器与材料

8.5.1.1　实训材料

本次实验所用化学试剂主要有盐酸、硝酸、氢氟酸、高氯酸、硫酸、无水乙醇（上述需优级纯），以及重铬酸钾、葡萄糖、氯化铵、冰醋酸、醋酸钠、盐酸羟胺、双氧水、氯化镁、二苯碳酰二肼、石英砂、丙酮、硫化亚铁（上述需分析纯）。

8.5.1.2　实训仪器

所用仪器主要有多功能粉碎机（XL-600B）、超纯水仪（Milli-Q）、电热恒温水浴锅（HWS-26）、pH 计、紫外分光光度计（L5S）、万分之一天平（AL204）、超声波清洗器（KQ-500E）、电热鼓风干燥机（GEX-9140MBE）、高速台式冷冻离心机（Xiang Yi H-2050R）、元素分析仪（VARIO MAX）、X 射线衍射仪（Bruker D8 Advance）、恒温振荡器（THZ-C）、火焰原子吸收光谱仪（AA800）、低温离心机（5427R）。

8.5.2　分析方法

（1）土壤含水率

用精度 0.1g 的天平称取 100g 土样，记作土样的湿重，在 105℃的烘箱内将土样烘 6～8h 至恒重（前后两次称量误差小于 1％），记作干重，土壤含水率＝(湿重－干重)/干重×100％。

（2）土壤 pH 值

称取过 20 目筛的土样 10g 置于烧杯中，加入 25mL 去离子水，搅拌 1min，静置 30min，用 pH 计测定。

（3）土壤中有机质含量

用低温重铬酸钾氧化法测土壤中有机质含量。准确称取过 100 目筛的土样 1.000g，置于 50mL 试管中，加入 5mL 0.8mol/L 的重铬酸钾溶液和 5mL 浓硫酸，摇匀后置于100℃恒温箱中加热90min，冷却后加水至50mL，摇匀，静置3h后取上清液，用紫外分光光度计测定土壤中有机质含量。

（4）土壤中总铬含量

参照土壤总铬全消解方法：准确称取0.2～0.5g（精确至0.0002g）土样置于50mL聚四氟乙烯坩埚中，加入10mL盐酸，用电热板80℃低温加热至样品约3mL，取下稍冷。加入5mL硝酸、5mL氢氟酸、3mL高氯酸，加盖中温加热1h，开盖除硅，加热至黏稠状。取下坩埚稍冷加入3mL盐酸溶液，温热溶解可溶性残渣，转移至50mL容量瓶中，加入5mL氯化铵溶液，冷却定容后用火焰原子吸收光谱仪测定。

（5）土壤中六价铬含量

参照《土壤和沉积物 六价铬的测定 碱溶液提取-火焰原子吸收分光光度法》（HJ 1082），准确称取2.5g样品于锥形瓶中，加入50mL碳酸钠-氢氧化钠混合液、0.85g六水合氯化镁、0.5mL磷酸盐缓冲液，将样品置于90～95℃恒温振荡水槽中振荡1h。萃取完成后冷却至室温，过滤至250mL烧杯中，用5.0mol/L HNO_3溶液将pH值调至7.5±0.5范围内，将溶液转移至100mL容量瓶中，用去离子水定容。取20mL上述萃取液置于50mL烧杯中，加入2mL二苯碳酰二肼溶液作为显色剂，用5% H_2SO_4溶液将pH值调至2.0±0.5，转移后定容至50mL容量瓶中，静置10min后用紫外分光光度计（1cm比色皿，540nm波长）测出其吸光度。绘制标准曲线，计算土壤中实际六价铬含量。

（6）土壤浸出液中铬含量

根据《固体废物浸出毒性浸出方法 硫酸硝酸法》（HJ/T 299），称取150～200g土壤置于2L提取瓶中，根据样品的含水率，按固液比10∶1（L/kg）加入浸提剂（用浓硫酸和浓硝酸质量比2∶1调节pH值为3.20±0.05的水）。盖上瓶盖后固定在翻转式振荡装置上，转速为30r/min，于25℃下振荡（18±2）h，过滤后用火焰原子分光光度计和紫外分光光度计分别测定总铬和六价铬。

（7）相关环境质量标准

《土壤环境质量 建设用地土壤污染风险管控标准（试行）》（GB 36600）、《土壤环境质量 农用地土壤污染风险管控标准（试行）》（GB 15618）、《危险废物鉴别标准 浸出毒性鉴别》（GB 5085.3）。

8.5.3 实训方法

（1）还原剂投加量与反应时间的确定

用硫化亚铁（FeS）固体、硫酸亚铁（$FeSO_4$）溶液、四氧化三铁（Fe_3O_4）固体和纳米零价铁（nZVI）固体，在相同条件下对铬污染土壤进行还原，比较分析各个还原剂的还原效果。

（2）还原最佳pH的确定

用四种还原剂的最佳摩尔投加量，对还原剂都设置pH梯度，比较每种还原剂在各 pH 下的六价铬去除率，确定最佳 pH。

（3）初始含水率的确定

通过上述实验确定了各还原剂最适合的摩尔比，设置三个初始含水率 40%、60%、80%，比较分析每组实训的土壤六价铬去除率，确定最佳的初始含水率。

（4）还原实训中铬的形态分析

取不同投加摩尔比实训中的土样，分析还原前后铬的各个形态变化，分析其原因。

具体步骤如下：准确称取 1.00g 土壤置于 50mL 离心管中，用 Tessier 五步提取法分离土壤中的可交换态、碳酸盐结合态、铁锰氧化物结合态、有机质结合态和残渣态，分别测定其含量，分析其变化规律。

8.5.4　结果与讨论

（1）不同浓度各还原剂对土壤中六价铬的还原效果研究

具体操作步骤如下：取若干 250mL 烧杯，分别加入 100g 待试土壤，设置 4 个浓度梯度，按照还原剂与土壤中 Cr（Ⅵ）含量的摩尔比投加，比例分别为 0.5、1.5、3、5。每个实验设置 3 个平行，不添加稳定剂的土壤实验组作为对照组。向每个烧杯中加入 40mL 的去离子水（硫酸亚铁实验组加水量根据已加溶液量计算得到），每组实验充分搅拌均匀（表 8-4）。

表 8-4　摩尔比对四种还原剂对土壤中六价铬的还原效果的影响

还原剂与土壤中 Cr(Ⅵ)含量的摩尔比	Cr(Ⅵ)还原率/%			
	$FeSO_4$	FeS	Fe_3O_4	nZVI
0.5				
1.5				
3				
5				

（2）反应时间对各还原剂对土壤中六价铬的还原效果的影响

选择四种还原剂各浓度梯度中还原效果最好的一组进行对比。在室温下反应 3 天。取反应时间为 12h、1d 和 3d 的土壤待测（表 8-5）。

表 8-5　反应时间对四种还原剂对土壤中六价铬的还原效果的影响

反应时间	Cr(Ⅵ)还原率/%			
	$FeSO_4$	FeS	Fe_3O_4	nZVI
12h				
1d				
3d				

（3）反应 pH 值对各还原剂对土壤中六价铬的还原效果的影响

具体操作步骤为：选取上述各还原剂最佳摩尔投加量，取若干 250mL 烧杯，分别加入 100g 待试土壤，每种还原剂为一组实训，设置 3 个平行实验，用质量分数15％的 HCl 对土壤 pH 值进行调节，分为四个浓度梯度，分别往烧杯中加 10mL、20mL、30mL、40mL 稀盐酸溶液，与供试土壤先混合稳定 3 天，再向各组实验烧杯中投加摩尔比为 5 的还原剂，控制初始含水率为 40％，继续反应 3 天后，测定土壤中的六价铬含量（表 8-6）。

表 8-6　反应 pH 值对四种还原剂对土壤中六价铬的还原效果的影响

反应 pH 值	Cr(Ⅵ)还原率/%			
	FeSO₄	FeS	Fe₃O₄	nZVI
6.2				
5.9				
5.6				
5.4				

（4）初始含水率对各还原剂对土壤中六价铬的还原效果的影响

具体操作步骤为：取若干 250mL 烧杯，分别加入 100g 待试土壤，根据上述实训结论加入最佳的还原剂量，往各实验烧杯中加入若干毫升的去离子水，保证前后所加溶液使土壤初始含水率为 40％、60％、80％。每组实验充分搅拌均匀，在室温下反应 3 天后，测定土壤中的六价铬浓度（表 8-7）。

表 8-7　初始含水率对四种还原剂对土壤中六价铬的还原效果的影响

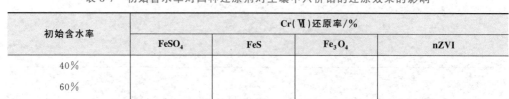

初始含水率	Cr(Ⅵ)还原率/%			
	FeSO₄	FeS	Fe₃O₄	nZVI
40%				
60%				
80%				

8.5.5　结论

① 用硫化亚铁、硫酸亚铁、四氧化三铁和纳米零价铁四种还原剂处理铬污染土壤，实验结果表明，对六价铬的还原效率由大到小的顺序为硫酸亚铁＞纳米零价铁＞四氧化三铁＞硫化亚铁。在投加摩尔比为 0.5、1.5、3、5 条件下，四种还原剂的还原效率均随着投加摩尔比的增加而增加。硫酸亚铁、纳米零价铁、四氧化三铁和硫化亚铁的最大还原效率依次是 88.75％、48.36％、9.23％和 5.92％。

② 通过在不同反应时间对土壤进行取样分析，结果发现，硫酸亚铁在反应的第

一天还原效率就已经几乎达到最大值。硫化亚铁和四氧化三铁的还原效率有一定提升，但增幅不大。纳米零价铁的反应效率随时间变化较为明显。

③ 通过添加 15％稀盐酸改变土壤 pH 值，硫化亚铁、硫酸亚铁、四氧化三铁和纳米零价铁四种还原剂的还原效率都有一定程度的提高，其中硫酸亚铁和硫化亚铁的提升比较小，分别从 85.8％增加到了 93.9％和从 5.5％增加到了 12.8％，四氧化铁的还原效率从 6.4％增加到 16.5％。纳米零价铁对 pH 的变化比较敏感，还原效率从59.4％增加到 91.8％。四种还原剂中纳米零价铁的提升最高，其最高的还原效率也与硫酸亚铁基本持平。

④ 由不同初始含水率对六价铬还原效率影响的实验可知，在 40％的含水率基础上，增加初始含水率对硫酸亚铁的还原效率影响不大，而纳米零价铁的还原效率随着初始含水率的提高不断提高。充足的水量对纳米零价铁还原六价铬有着重要的作用。

⑤ 随着投加摩尔比的增加，硫化亚铁组可交换态含量随着投加摩尔比的增加没有显著降低。硫酸亚铁组可交换态含量随着投加摩尔比的增加有明显降低。四氧化三铁和纳米零价铁组的可交换态则有小幅度降低。四组实验的残渣态都有一定程度的提升，说明土壤中铬随着还原剂用量的增加迁移性逐渐降低。

 思考题

1. 简述 PRB 技术的基本原理。
2. 简述 PRB 设计的一般程序。
3. 简述 PRB 安装位置的选择方法。

第 9 章

重点行业企业暂不开发利用污染地块风险管控

 学习目标

知识目标

（1）熟悉暂不开发利用污染地块的相关术语与定义。

（2）理解暂不开发利用污染地块风险管控的目标与程序。

能力目标

（1）能够划定风险管控的范围和编制应急预案。

（2）能够对暂不开发利用污染地块开展制度控制和工程控制。

素质目标

（1）解放思想，改革创新，转变大治理、大修复的思路。

（2）坚持预防为主、保护优先、分类管理、风险管控、污染担责、公众参与的原则，坚决打好土壤污染防治攻坚战。

 任务导入

　　韶关市是广东省的矿产资源大市，是著名的"有色金属之乡"，矿产采选业发展蓬勃。随着经济发展和产业结构的不断调整，这些重污染企业逐步退出市场或转型，遗留大量污染地块。2018～2020 年，依托全国土壤污染状况详查工作，韶关市对历史遗留工业企业用地的数量、分布情况及污染状况进行了调查。调查结果表明，这些污染地块具有总体数量多、占地面积大、历史生产情况复杂的特点，且大部分暂无再开发利用计划。

　　鉴于目前该类型受污染建设用地无相应的国家标准，缺乏风险管控相关指导文件，对经济、社会和人居健康安全存在着不可预知的隐患，为贯彻落实土壤污染综合防治先行区建设工作计划的相关要求，稳步推进先行区建设工作，韶关市先行先试，开展重点行业企业暂不开发利用污染地块风险管控工作。

某重点行业企业地块占地面积 28460m²，是一家大型矿冶企业下属选矿厂的用地。该选矿厂 20 世纪 90 年代建厂生产，2012 年停产。原生产工艺为破碎—磨矿—浮选，主要原料包括铜硫原矿、2#油、铅锌原矿、碳酸钠及硫酸锌等，主要产品为铜精矿（188t/a）和铅锌精矿（3300t/a）。现场大部分地面未进行水泥硬化，且遗留大量废渣。地块位于石炭系、灰岩形成的丘陵，标高约 200m。地表风化蚀变明显，存在较厚风化岩层，山谷两边植被稀疏，边坡较为平缓稳定，未发现崩塌、泥石流等不良地质情况，属于地质灾害低发区。

由于该地块属于重点行业企业历史遗留污染地块，未进行土壤污染风险评估报告，拟先开展土壤污染状况调查，摸清地块土壤、地下水污染状况，后续将在调查结果的基础上开展地块的风险管控工作。

9.1　管控目标与程序

重点行业是指根据《关于进一步加强重金属污染防控的意见》（环固体〔2022〕17 号）划分，包括重有色金属矿采选业（铜、铅锌、镍钴、锡、锑和汞矿采选）、重有色金属冶炼业（铜、铅锌、镍钴、锡、锑和汞冶炼）、铅蓄电池制造业、电镀行业、化学原料及化学制品制造业［电石法（聚）氯乙烯制造、铬盐制造、以工业固体废物为原料的锌无机化合物工业］、皮革鞣制加工业等 6 个行业。

暂不开发利用污染地块是指土壤污染状况普查、详查、监测或调查表明污染物含量超过土壤污染风险管控标准，但暂无开发利用计划的建设用地。

风险管控是采用工程、技术和政策等管理手段，将地块污染物风险控制在可接受水平。相对于治理修复的方式，风险管控的成本更低、周期更短。

9.1.1　管控目标

暂不开发利用污染地块风险管控不针对具体指标，也不提出对应限值，管控目标主要包括：

① 避免对暴露人群产生不良或有害健康效应的影响。

② 防止污染物扩散，降低环境风险。

9.1.2 管控程序

暂不开发利用污染地块管控工作实施时，应综合考虑地块的污染情况、水文地质情况和具体管控目标，提出相应的管控程序。暂不开发利用污染地块典型管控程序如图 9-1 所示。

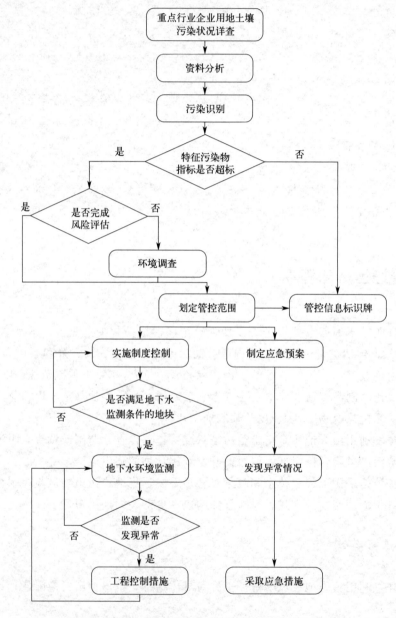

图 9-1 重点行业企业暂不开发利用污染地块管控程序

① 管控工作启动前，应结合前期资料，识别地块污染特征及周边敏感目标，划定管控范围。

② 管控工作启动后，应开展下列工作：a. 实施制度控制措施，如有必要需开展环境监测并采取工程控制措施；b. 制定应急预案，若管控过程发生异常情况，按照应急预案及时采取应急措施。

9.2　实施方法

9.2.1　前期准备

前期准备共包括两个方面，即资料分析、地块污染识别，该部分工作可着重参考目标地块重点行业企业用地土壤污染状况详查资料。可依据地块污染详查结论，对存在环境污染并需采取污染控制措施的地块，需要查找其 5 年内不动工建设的有效风险评估报告资料，开展下一步管控工作。若风险评估报告无效或 5 年内有动工建设历史的且地块内堆放涉及重点重金属污染源、生产设备的，应适当开展相关环境污染现状调查。

9.2.1.1　资料分析

资料分析主要通过收集地块资料，掌握地块相关污染情况，判断可能的污染物扩散途径和敏感受体暴露风险。管控开展前，应收集、整理并分析地块相关资料，包括但不限于以下几方面。

① 基础资料　包括地块名称、地理位置、坐标、总平面图及面积、周边环境及敏感目标、地下水使用情况、地质与水文地质信息等。

② 原生产资料　包括原工业生产区域总平面图及各场所设施设备分布图、各场所设施设备涉及的有毒有害物质信息、涉及有毒有害物质的管线分布图等。

③ 调查评估及监测资料　包括土壤污染状况调查报告、风险评估报告、地质与水文地质勘察报告、历史监测数据与结论等。

④ 人员访谈资料　与了解地块信息的人员进行访谈的记录。

9.2.1.2　地块污染识别

通过前期资料分析和现场勘察，识别地块污染特征及周边敏感目标。

① 地块污染特征识别过程应重点关注地块中是否存在遗留物料，包括但不限于：a. 可能含有有毒有害物质的原辅材料、中间产品、产品及副产品等；b. 可能含有或沾染有毒有害物质的固体废物，如矿渣、污泥、存储容器、废旧包装等。

② 敏感目标包括但不限于居民区、学校、医院、疗养院、养老院、耕地、园地、饮用水水源地等。

9.2.2　划定管控范围

管控范围的划定是管控工作启动后的首要工作，是综合考量管控工作量、成本、后续监管、地下水监测、保护周边敏感目标等内容的前置条件。科学合理的管控范围应有数据资料支撑，掌握地块污染现状从而精准划定污染区域，应以有效的风险评估或环境污染现状调查中检测数据为准。

（1）划定原则

地块管控区可分为重点管控区与一般管控区。

① 重点管控区范围的划定　未完成风险评估的地块，结合环境调查结果中土壤污染物超过 GB 36600 规定的建设用地土壤污染风险筛选值的区域、地下水特征污染物超过 GB/T 14848 规定的限值或环境本底值的区域以及曾涉及有毒有害物质生产的设施或活动区域，综合考虑划定风险管控范围，管控范围应至少包括土壤污染物超标范围；已完成风险评估的地块，根据风险评估结论划定重点管控范围。

② 一般管控区范围的划定　一是地块红线范围内除重点管控区外的区域；二是在前期准备阶段，地块土壤污染详查资料分析指出重点重金属检测指标未超出相关标准限值的区域。

（2）现场管控范围的设立

管控范围边界应设置围挡，禁止无关人员进入。围挡采用钢制围栏或钢板材、砌体等硬质材料搭设。保留的适宜的原有围挡应优先使用。重点管控区与一般管控区应设置标识牌区分。

（3）管控信息标识牌

地块管控信息标识牌应设置在围挡出入口，尺寸不小于 0.8m×1.2m，内容包括管控范围与要求，采用坚固、环保、耐用且不褪色的材料，如破损应及时修整或更换。标识牌示例见图 9-2 和图 9-3。

地块管控信息公告牌		
地块名称	×××地块	
管控范围	（图片或文字描述）	
在管控区域内必须遵守下列规定： 1. 禁止在本区域内开展与风险管控无关的施工活动； 2. 禁止在本区域内种植农作物、养殖动物； 3. 禁止向本区域内排放污水、废液； 4. 禁止与本地块无关的人员进入； 5. ……		
负责人	×××	联系电话	××× ××× ××××××
监督电话	12345	
建立时间	20××年×月	

图 9-2　标识牌示意图 A

　　若整个地块属于一般管控区（即在前期准备阶段，地块土壤污染详查资料分析指出重点重金属检测指标未超出相关标准限值的区域），该类地块可适当选择竖立或粘贴简易管控信息标识牌，明确一般管控区的范围与要求，粘贴在地块出入口或围墙等处。

图 9-3　标识牌示意图 B

9.2.3　制度控制

9.2.3.1　污染源清理

（1）遗留固体废弃物

　　遵循无害化、资源化、减量化原则，地块内的遗留物料（包括但不限于废渣、废水）应及时清理或移除，清理工作要点可参考《企业拆除活动污染防治技术规定（试行）》。根据企业使用的原辅材料与生产工艺、《国家危险废物名录》（2021 年版）、《中华人民共和国固体废物污染环境防治法》（2020 年 9 月 1 日起实施）以及危险废物相关鉴别标准，判断地块上遗留废物是否是危险废物。遗留物料如为危险废物，应交给有相应危险废物处置资质的企业处置，其收集、贮存、运输、处置应符合危险废物相关管理规定。

对于一般固体废物，应优先考虑附近合适的水泥厂或砖厂进行协同处置，将废渣综合利用，变废为宝，实现废渣的二次价值（图9-4）。协同处置单位应根据其环评、生产工艺、产品产能、外运路线距离、处置成本等综合选择。针对综合利用价值较低或现有处理处置技术成本较高的历史遗留废渣，若一时难以找到合适的处理处置去向，结合区域实际情况可考虑选择原地或异地阻隔封存（图9-5）。

(a) 矿渣装车运输过程　　　　　　　　　(b) 矿渣综合利用制成的砖块

图 9-4　一般固体废物综合利用现场照片

(a)　　　　　　　　　　　　　　　(b)

图 9-5　一般固体废物原地阻隔封存现场照片

一般固体废物处理处置常用方法比较如表9-1所示。

表9-1　一般固体废物处理处置方法比较

指标	异地综合利用	异地阻隔封存	原地阻隔封存
选址难度	大	大	小
成本	低,无需构建场地,但要长距离运输	高,需要构建场地和长距离运输	一般,需要就地构建场地

续表

指标	异地综合利用	异地阻隔封存	原地阻隔封存
工期	短	长	一般
二次污染	需要异地转运,风险大	需要异地转运,风险大	场内转运,风险小
监管难度	综合利用全过程跟踪,难度一般	异地监管,协调难度大	较小
长期监测	—	地下水长期监测	地下水长期监测

（2）遗留废水

遗留废水主要来源于企业停产搬迁时未处理的废水和场内汇集的雨水。重点行业企业暂不开发地块遗留废水中的主要污染物为重金属。遗留废水可采用外运处理或场内处理两种方式。场内处理一般采用混凝沉淀、添加重金属捕捉剂等物理化学方法进行处理，达标后回用于场内降尘或绿化用水，原则上不外排。

9.2.3.2　扬尘控制

在现场开挖过程中以及运输过程中会产生扬尘污染。管控范围内有裸露土壤的，可通过种植植被、硬化地面、覆盖防尘网或者洒水降尘等方式防止扬尘。

植被种植适用于土壤状况适合植物生长的区域，以适宜本地气候的浅根性灌木或草本为主，种植密度应满足防尘目的（图9-6）。防尘网苫一般采用耐老化聚乙烯（HPPE）材质，网目数不低于2000目/100cm^2（六针），铺设平整，搭接无缝隙，固定牢固，可耐受气候变化（图9-7）。

(a)　　　　　　　　　　　　　　(b)

图9-6　植被覆盖现场照片

防尘防渗措施比较如表9-2所示。

表9-2　防尘防渗措施比较

指标	防尘网苫	水泥硬化	植被覆盖
效果	防尘效果较好,无防渗作用	防尘防渗效果好	防尘效果好,防渗效果较好
投资	低,约5元/m^2	高,厚度10cm,约75元/m^2	较低,约25元/m^2
使用寿命	短,需1年1换	长,>20年	长,前期养护6个月

(a)   (b)

图 9-7　防尘膜覆盖现场照片

9.2.3.3　地下水环境监测

污染类型及暴露途径可能存在较大环境风险的地块，在制度控制阶段应针对可能存在风险的环境介质开展地下水监测。在选取监测目标时，应主要考虑污染物在地块各种环境介质中的可能扩散情况，针对扩散可能造成环境风险的监测目标开展地下水监测。另外，在实施地下水监测时，相关技术人员发现地下水埋藏深度超 20m、枯水季无水、水井汇水慢等情况，同个监测井每种污染物监测样本较少，影响污染物迁移或衰减结果，因此，若有符合下列要求的地块可按照表 9-3 要求开展监测，反之可不进行地下水监测。

表 9-3　地下水环境监测实施方法

环境介质	点位布设	监测指标	最低监测频次	采样分析方法[①]
地下水	(1)土壤存在污染的,应在土壤污染区域设置监测井,监测井的数量根据存在土壤污染的区域范围划定,推荐采用 80m×80m 网格; (2)地下水存在污染的,应在污染源的下游设置监测井,监测井的数量根据污染源的面积和范围确定,数量不少于1个,地下水流向存在季节性变化的区域应根据变化情况增加监测井的数量; (3)地下水污染源可能超出地块边界或对下游敏感目标造成影响的,应考虑在地块边界处或下游敏感目标处布设控制井,数量各不少于1个	(1)因土壤污染开展监测的,监测土壤污染中超标的易迁移污染物; (2)因地下水污染开展监测的,监测地下水中超标的特征污染物	半年1次[②] (丰水期、枯水期各1次)	HJ 164 HJ 1019

① 分析方法应优先选用所执行的标准中规定的方法。选用其他行业标准方法的，方法的主要特性参数（包括检出限、精密度、准确度、干扰消除等）需符合相关标准要求。

② 工程控制实施后的监测频次可根据情况加密，最高为每月 1 次；必要时可根据情况加密监测点位。

土壤中存在易迁移污染物（重点重金属、六价铬、苯系物、卤代烃、石油烃、甲基叔丁基醚等），且存在下列情况之一时，应开展地下水监测。

① 污染区域土层渗透性较好（砂土、碎石土）；

② 已知最大污染深度距离地下水最高水位面小于 10m；

③ 地下水特征污染物包括易迁移污染物，或地块污染导致的地下水污染源已超出地块边界时，应开展地下水监测。

9.2.3.4　定期巡查

实施管控的地块应定期巡查。定期巡查的主要目的是核查地块内是否有无关人员出入、管控措施运行是否正常。为鼓励土地使用权人依据自身条件以最适宜的方式开展工作，可通过人员、视频探头、无人机等多种方式进行巡查，保证一定的频次并形成记录。

9.2.4　工程控制

地下水监测发现污染物扩散导致的环境风险已超出管控目标时，如地块内已有的污染通过重力或雨水淋滤进一步向深层土壤扩散并进入地下水，地下水中的污染物存在扩散出地块边界或影响周边敏感受体的风险等，此时应采取适宜的工程控制措施移除污染源或切断污染扩散途径。

按要求开展地下水环境监测的地块，存在下列污染情况时应采取工程控制措施，并在工程控制实施后按照表 9-3 的要求持续开展监测。

① 地块内的地下水污染物浓度具有持续升高趋势［同一监测井连续 3 次监测结果均高于前次监测值 20％以上（受环境背景值影响除外）］；

② 地下水污染源已扩散至周边敏感目标。

常见工程控制措施、适用情况及实施要求如表 9-4 所示。

表 9-4　常见工程控制措施、适用情况及实施要求

措施名称	适用情况	实施要求
水平阻隔技术		
防渗膜阻隔	有明显污染痕迹或异味的区域；污染物可能下渗或淋滤扩散的区域［如沾染了有毒有害物质的遗留设施、设备或建（构）筑物下方区域］	材料可采用弹性膜衬层，一般包括聚氯乙烯、聚乙烯、高密度聚乙烯等，防渗膜的各项参数应符合 GB/T 17642、GB/T 17643 的相关规定
混凝土阻隔		厚度不小于 7.5cm，下设不小于 10cm 的基底层（一般为砂或碎石层）
沥青阻隔		厚度不小于 10cm，或不小于 2.5cm 的沥青下设不小于 10cm 的基底层
清洁土壤阻隔		土壤水力渗透性小于 10^{-6} cm/s 的，土壤厚度应不小于 45cm；渗透性小于 10^{-3} cm/s 但大于 10^{-6} cm/s 的，土壤厚度应不小于 90cm

措施名称	适用情况	实施要求
垂直阻隔技术		
泥浆防渗墙	地下水污染源已扩散并存在不可控风险,采用水平阻隔或风险源清除技术无法达到管控目标	材料可采用黏土-膨润土、水泥-膨润土、黏土-水泥-膨润土等,相对渗透系数不大于 10^{-7} cm/s
土工膜防渗墙		采用 HDPE 土工膜为主体阻隔材料,相对渗透系数不大于 10^{-7} cm/s
灌浆墙		可采用水泥帷幕灌浆墙、高压喷射灌浆墙等,相对渗透系数不大于 10^{-7} cm/s
环境风险源清除及阻控技术		
清挖技术	埋深较浅,可通过清挖去除的污染物或污染土壤	将污染物或污染土壤挖掘后外运处置
原位热处理技术	受污染土壤或地下水(多用于突发情况应急)	参照 HJ 25.4 及相关技术规范的要求实施
化学氧化/还原技术		
多相抽提技术	土壤或地下水中存在非水相污染物(多用于突发情况应急)	
抽出处理技术	地下水中存在有扩散风险的污染物(多用于突发情况应急)	
地表水体污染物去除技术	受污染地表水(多用于突发情况应急)	通过机械捕收或吸附技术,清除水面上漂浮的污染物,可采用机械撇油器、吸油毡或吸油垫、吸附材料或吸收剂
阻控技术	非水相污染物泄漏、极端天气条件下或工程措施失效时污染物的迁移(多用于突发情况应急)	通过简易土堤、沙袋、可凝固聚氨酯泡沫喷雾、耐化学腐蚀胶泥、PE/HDPE 膜板、吸油毡或吸油垫阻止污染物的流动

9.2.5 应急预案

突发污染程度按照与其所在区域规划及用地性质对应的 GB 15618、GB 36600、GB 3838、GB/T 14848、GB 3095 等相应环境质量标准判定。应急措施与管控措施类似,也包含制度、工程与监测等手段。

9.2.5.1 应急响应条件

暂不开发利用污染地块可能发生的异常情况一般包括以下两种。

① 地块存在前期未识别的风险源、未及时采取工程控制措施或工程控制措施未达到预期效果,导致污染物发生不可控的扩散。

② 地块内的土壤、地表水、地下水中特征污染物浓度已对周边敏感目标或生态环境产生实际或潜在的重大影响。

9.2.5.2　应急预案一般要求

在管控工作启动时，分析地块可能发生异常情况的环节、类型、影响范围、关键节点等，科学合理地制定应急预案。应急预案包括应急机构和人员、应急物资和装备、应急措施、应急监测、应急处置能力、培训等。实施主体应根据应急预案做好应急物资储备，发生异常情况时，立即按照应急预案采取措施并开展监测。

9.2.5.3　应急措施

应急措施一般包括以下两种。

① 启动应急制度控制措施，封闭和隔离污染区域，禁止无关人员进入，停止地块内所有可能导致污染危害扩大的行为和活动。排查所有可能造成污染的环境风险源，切断污染途径，防止污染范围进一步扩大。

② 实施应急工程控制方案，对环境风险源及受到污染的环境介质进行有效处理，防止污染扩散或产生二次污染，可选择其他适宜的工程措施作为应急手段。

9.2.5.4　应急监测

应急监测的对象为潜在的污染土壤、污染地表水和污染地下水等环境介质，监测点的位置和频次能够评估污染类型、程度和范围，以及采取应急措施后污染变化趋势。应急监测按照 HJ 589 的要求开展，地块已有监测设施满足 HJ 589 要求的，优先使用原有设施。

9.3　实训项目　暂不开发利用污染地块风险管控方案编制

9.3.1　实训目的

掌握暂不开发利用污染地块风险管控技术要点和报告编制的方法。

9.3.2　实训内容

根据所学知识，以及相关数字资源，分组编制导读案例的风险管控方案。

9.3.3　实训成果要求

风险管控方案编制的参考大纲如下所示。

1　项目背景

1.1　项目由来

1.2　工作依据及技术路线

2　地块概况

2.1 地块基本信息

2.2 地块已有的环境调查、监测与风险评估信息

2.3 地块内环境风险源

3 周边环境及自然状况

3.1 自然环境

(1) 气候环境

(2) 地形地貌

(3) 水文地质情况

3.2 社会环境

(1) 周边地块用途

(2) 周边环境敏感目标

4 制度控制

4.1 管控范围划分及说明

4.2 管控设施

(1) 围栏和标识

(2) 防尘措施

4.3 管控措施

(1) 建（构）筑物封闭情况及人员出入管理制度

(2) 监测计划（包括点位、频次和指标，拟采取的采样及分析方法）

4.4 定期巡查（包括巡查内容、手段及频次）

5 工程控制

5.1 措施比选

5.2 技术方案

5.3 环境管理（实施过程可能涉及的二次污染环节和可采取的防治措施）

5.4 监测计划（包括点位、频次和指标，拟采取的采样及分析方法）

6 应急预案

6.1 可能发生的突发环境事件分析

6.2 应急措施

6.3 实施保障（应急机构、人员、物资、装备配备，应急处置能力培训，污染物转运去向）

6.4 应急监测计划

7 其他需要说明的内容

8 附件

暂不开发利用污染地块风险管控实例　　　　　　暂不开发利用污染地块实景图

扫描二维码可查看详细内容。

 思考题

1. 请查找出《土壤污染防治行动计划》（国发〔2016〕31 号）中关于"风险管控"的相关指引，并阅读、理解。

2. 请查找出《污染地块土壤环境管理办法（试行）》（环境保护部令 第 42 号）中关于"风险管控"的相关指引，并阅读、理解。

3. 请查找出《关于贯彻落实土壤污染防治法推动解决突出土壤污染问题的实施意见》（环办土壤〔2019〕47 号）中关于"风险管控"的相关指引，并阅读、理解。

附　录

思考题参考答案

第 1 章

1. 土壤的颗粒组成及质地分类有哪些？

自然界各地土壤由于成土条件不同，机械组成不同，这是土壤性状的空间变异性。当机械组成相近时，土壤性状可能有相似之处；只有机械组成差异很大时，它们的基本性状才有很大差异。对土壤机械组成进行分类，所划分出的机械组成类型为土壤质地类型，简称土壤质地。依土粒粒径的大小，土粒可以分为 4 个级别：石砾（粒径大于 2mm）、砂粒（粒径为 2～0.05mm）、粉砂（粒径为 0.05～0.002mm）和黏粒（粒径小于 0.002mm）。

2. 简述土壤有机质的作用及其生态环境意义。

土壤有机质的作用：植物营养的主要来源；刺激根系的生长；改善土壤的物理状况；保水、保肥；络合作用；促进微生物活动；提高土壤温度。

土壤有机质的生态环境意义：有机质与重金属离子的作用；有机质对农药等有机污染物的固定作用；土壤有机质对全球碳平衡的影响。

3. 简述土壤孔隙性和结构性的特点。

土壤孔隙性包括土壤孔隙的多少、大小、比例和性质等，关系着土壤中水分、养分、空气、热量的协调，对土壤的生物活性和植物的生长发育都有重大影响。土壤孔隙性取决于土壤的质地、结构和有机质的含量等。不同土壤的孔隙性质差别很大。

土壤的孔隙性状对进入土壤污染物的过滤截留、物理和化学吸附、化学分解、微生物降解等有重要影响。在利用污水灌溉的地区，若土壤通气孔隙大，好气性微生物活动强烈，可以加速污水中有机物质分解，较快地转化为无机物，如 CO_2、NH_3、硝酸盐和磷酸盐等通气孔隙量大，土壤下渗强度大，渗透量大，土壤土层的有机污染物、无机污染物容易被淋溶，从而进入地下水造成污染。

土壤结构性是指土壤结构体的种类、大小、空间排列组合状况以及结构体之间的孔隙状况等的综合特征，土壤有不同的结构类型，这些由许多大小、形状各异的土团、土块或土片等构成的大小不同、形态各异的团聚体被称为土壤团聚体或土壤结构体。土壤结构决定土壤的通气性、吸湿性、渗水性等物理性质，直接影响土壤的环境功能。结构体内部粒间孔隙小，多为毛管孔隙，持水性能好；结构体之间多为非毛管孔隙，通气透水性能好。所以土壤结构性的形成使土壤既能蓄水又能通气，并且其温度变化缓慢，养分能持续释放和供应，为植物生长营造了较理想的生活环境。一般来说，通气性和渗水性好的土壤，有利于土壤的自净作用。

第 2 章

1. 查找技术规范等资料，绘出原位热脱附各加热方式可达到的最高温度。

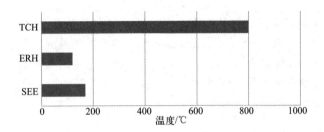

2. 原位热脱附三种加热方式分别有不同的适用条件，查找技术规范等资料，在适用的条件下打√。

技术名称	土壤性质			污染物性质	
	砂质土	黏性土	岩石质土	半挥发性有机物	挥发性有机物
热传导热脱附	√	√	√	√	√
电阻热脱附	√	√			√
蒸汽热脱附	√				√

第 3 章

1. 通过实验和查找文献或其他资料，说出紫外线活化过硫酸盐的波长范围，碱活化过硫酸盐的有效 pH 值范围，以及热活化过硫酸盐的有效温度范围。

光活化紫外线波长一般小于 270nm，碱活化一般 pH＞12，热活化一般温度高于 50℃。

2. 除了文中提到的过硫酸盐活化方法外，你还知道哪些活化方法？

电活化、超声波活化等。

第 4 章

1. 通过实验和查找文献或其他资料，说说还有哪些淋洗剂的复配组合。

柠檬酸是较常见且容易生物降解的有机酸，单宁酸是一种生物表面活性剂。有机酸与生物表面活性剂用于复合淋洗处理重金属污染土壤有良好的效果。

乙二胺四乙酸二钠（Na_2EDTA）作为一种人工螯合剂，对大多数重金属均有较好的螯合作用。柠檬酸作为低分子量有机酸的一种，不仅本身可生物降解，而且对土壤中重金属的解吸具有明显的促进作用。

与 EDTA 混配的还有其他表面活性剂、无机盐等。

2. 查找资料，了解淋洗产生的含高浓度污染物的污泥一般采用什么方法进行处理处置。

重金属污染污泥可采用固化/稳定化处理，有机污染污泥可采用热脱附处理，重金属污染污泥、有机污染污泥、复合污染污泥均可采用安全填埋、水泥窑协同处置。

第 5 章

1. 固化/稳定化技术工艺主要有哪几个步骤？请分别简要说明。

整个工艺分为预处理、固化/稳定化和养护三个步骤。预处理阶段，污染土壤和废渣经由破碎筛分斗进行破碎筛分。固化/稳定化处理阶段，污染土壤和废渣进入配料机进行计量称重，由传送带送至固化/稳定化设备，固化/稳定化药剂按配比分别进行计量，与待治理的污染土壤在双卧轴强制混合机内进行充分混合，完成固化/稳定化处理，之后放置养护区。

2. 请列举固化/稳定化材料。

固化材料主要是水泥类和火山灰类（高炉矿渣和粉煤灰）凝胶材料。稳定化材料包括：石灰和氧化镁等碱性材料、含铁材料、含磷材料、氧化铝和氧化锰、黏土和沸石、氧化剂和还原剂、硫化物、螯合物、生物炭及有机肥等。

3. 固化/稳定化实施完成后，如何进行增容比评估？

可通过计算增容比来描述其体积增量，即危险废物固化后固化体体积与危险废物原体积比，计算公式如下：

$$C_i = V_2 / V_1$$

式中　C_i——增容比；
　　　V_1——固化前危险废物的体积，m^3；
　　　V_2——固化体体积，m^3。

增容比是评价固化处理方法和衡量最终成本的一项重要指标，应越低越好。

第 6 章

1. 请简述阻隔技术的原理。

阻隔技术是将污染土壤或经过治理后的土壤置于防渗阻隔填埋场内，或通过敷设阻隔层阻断土壤中污染物迁移扩散的途径，使污染土壤与四周环境隔离，避免污染物与人体接触和随降水或地下水迁移进而对人体和周围环境造成危害。

2. 按照布置形式阻隔技术有哪几种类型？

按照布置形式分为水平阻隔和垂直阻隔两大类。

3. 请列举典型的阻隔措施。

目前，典型的阻隔措施有泥浆墙、灌浆墙、板桩墙、土壤深层搅拌以及土工膜五种技术类型。

第 7 章

1. 目前我们国家常见的水泥窑协同处置方式是将污染土壤直接送入回转窑进行

焚烧处置，请简单画出水泥窑焚烧处置工艺流程图。

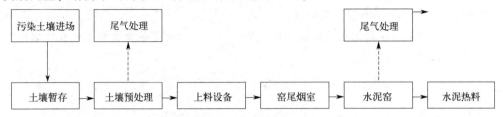

2. 请简述热脱附与水泥窑结合处置工艺的流程。

① 将挖掘后的污染土壤在密闭环境下进行预处理（去除掉砖头、水泥块等影响工业窑炉工况的大颗粒物质）；

② 通过筛分、脱水、破碎、磁选等，将污染土从车间运送到脱附系统中；

③ 将水泥窑热风引入热脱附设备，污染土壤被间接加热至污染物的沸点后，污染物与土壤分离，脱附后的尾气经水泥窑系统处理。

3. 水泥窑焚烧处置过程中，土壤中污染物发生了什么变化？

污染土壤从窑尾烟气室进入水泥回转窑，窑内气相温度最高可达 1800℃，物料温度约为 1450℃，在水泥窑的高温条件下，污染土中的有机污染物转化为无机化合物，高温气流与高细度、高浓度、高吸附性、高均匀性分布的碱性物料（CaO、CaCO₃等）充分接触，有效地抑制酸性物质的排放，使得硫和氯等转化成无机盐类固定下来；重金属污染土壤从生料配料系统进入水泥窑，使重金属固定在水泥熟料中。

第 8 章

1. 请简述 PRB 技术的基本原理。

PRB 技术的原理是在浅层土壤与地下水之间填充活性材料，构筑一个具有渗透性、含有反应材料的墙体，利用天然地下水力梯度使污染地下水优先通过渗透系数大于周围岩土体的透水格栅，并与填充在其内的活性反应介质相接触反应（吸附作用、沉淀反应、氧化还原反应和生物降解反应等），达到去除污染物的目的。

2. 请简述 PRB 设计一般程序。

一般情况下，在提出 PRB 设计方案之前，需要调研污染物特征，测定现场水文地质条件参数，然后在试验室进行批量试验和圆柱试验，确定活性反应介质并测试其修复效果和反应动力学参数，建立水动力学模型。根据这些参数计算确定 PRB 的结构、安装位置、方位及尺寸、使用期限、监测方案，并估算总投资费用。

3. 请简述 PRB 安装位置的选择方法。

PRB 的选址直接关系到整个工程项目的预算和修复效果，主要依靠前期可行性调研，根据污染物特征、迁移方式和转化条件，当地的水文地质概况、地下水水动力参数和地球化学特性，以及现场微生物活性和群落等条件综合考虑。具体步骤如下。

第一步：通过土壤和地下水体取样、试验室测试研究、现有数据整理，圈定污染区域，其范围应大于污染物羽流，防止污染物随水流从 PRB 的两侧漏过去，建立污染物三维空间模型，然后选择计算范围，进而建立污染物浓度分布图。

第二步：通过现场水文地质勘察，绘出地下水流场，了解地下水大体流向。

第三步：联系地下水动力学，探讨污染物的迁移扩散方式和范围，在污染物可能扩散圈的近处初步划定 PRB 的安装位置。

第四步：在初定位置的可能范围内进行地面调查，为便于征地和施工，在非居住区确定 PRB 的最终安装位置。

第 9 章

1. 请查找出《土壤污染防治行动计划》（国发〔2016〕31 号）中关于"风险管控"的相关指引，并阅读、理解。

《土壤污染防治行动计划》（国发〔2016〕31 号），下简称"土十条"，第四条（十二）规定：暂不开发利用或现阶段不具备治理修复条件的污染地块，由所在地县级人民政府组织划定管控区域，设立标识，发布公告，开展土壤、地表水、地下水、空气环境监测；发现污染扩散的，有关责任主体要及时采取污染物隔离、阻断等环境风险管控措施。

2. 请查找出《污染地块土壤环境管理办法（试行）》（原环境保护部令 第 42 号）中关于"风险管控"的相关指引，并阅读、理解。

《污染地块土壤环境管理办法（试行）》（原环境保护部令 第 42 号），下简称"42 号令"，第四章第十八条至二十二条提出："对暂不开发利用的污染地块，实施以防止污染扩散为目的的风险管控""污染地块土地使用权人应当按照国家有关环境标准和技术规范，编制风险管控方案，及时上传污染地块信息系统，同时抄送所在地县级人民政府，并将方案主要内容通过其网站等便于公众知晓的方式向社会公开。风险管控方案应当包括管控区域、目标、主要措施、环境监测计划以及应急措施等内容""土地使用权人应当按照风险管控方案要求，采取以下主要措施：（一）及时移除或者清理污染源；（二）采取污染隔离、阻断等措施，防止污染扩散；（三）开展土壤、地表水、地下水、空气环境监测；（四）发现污染扩散的，及时采取有效补救措施"。

3. 请查找出《关于贯彻落实土壤污染防治法推动解决突出土壤污染问题的实施意见》（环办土壤〔2019〕47 号）中关于"风险管控"的相关指引，并阅读、理解。

2019 年，生态环境部办公厅、农业农村部办公厅、自然资源部办公厅联合发文《关于贯彻落实土壤污染防治法推动解决突出土壤污染问题的实施意见》（环办土壤〔2019〕47 号），第十七条提出："污染地块实施风险管控和修复有利于消除环境风险及隐患，保障地块本身及周边人群环境安全。相关风险管控和修复单位及其委托人应当设置公示牌，公开污染地块主要污染物、可能存在的环境风险及采取的治理措施。公示牌要醒目，有利于周边居民和群众知晓信息。鼓励生态环境部门、自然资源部门协调相关风险管控和修复单位及其委托人，同周边社区街道等建立居民监督委员会，加强沟通交流，强化周边群众监督。"

参考文献

[1] 环境保护部，国土资源部．全国土壤污染状况调查公报［R］．2014．

[2] 随红，等．有机污染土壤和地下水修复［M］．北京：科学出版社，2013．

[3] 黄昌勇．面向 21 世纪课程教材土壤学［M］．北京：高等教育出版社，2000．

[4] 毕润成．土壤污染物概论［M］．北京：科学出版社，2014．

[5] 周健民，等．土壤学大辞典［M］．北京：科学出版社，2013．

[6] 张乃明．环境土壤学［M］．北京：中国农业大学出版社，2013．

[7] 陈怀满．环境土壤学［M］．北京：科学出版社，2005．

[8] 曲向荣．土壤环境学［M］．北京：清华大学出版社，2010．

[9] 张辉．土壤环境学［M］．北京：化学工业出版社，2006．

[10] 骆永明，等．中国土环境管理支撑技术休系研究［M］．北京：科学出版社，2015．

[11] 贾建丽，等．污染场地修复风险评价与控制［M］．北京：化学工业出版社，2015．

[12] 张宝杰，等．典型土壤污染的生物修复理论与技术［M］．北京：电子工业出版社，2014．

[13] 唐景春．石油污染土壤生态修复技术与原理［M］．北京：科学出版社，2014．

[14] 张宝杰，等．典型土壤污染的生物修复理论与技术［M］．北京：电子工业出版社，2014．

[15] 薛南冬，等．持久性有机污染物（POPs）污染场地风险控制与环境修复［M］．北京：科学出版社，2011．

[16] 李良．科技创新 绿色修复——苏州溶剂厂土壤污染修复项目实现多项突破［J］．中国环境报，2017．

[17] HJ 1165—2021 污染土壤修复工程技术规范 原位热脱附．

[18] HJ 1164—2021 污染土壤修复工程技术规范 异位热脱附．

[19] DB4401/T 102.2—2021 建设用地土壤污染防治 第 2 部分：污染修复方案编制技术规范．

[20] 可欣，李培军，巩宗强，等．重金属污染土壤修复技术中有关淋洗剂的研究进展［J］．生态学杂志，2004，23（5）：145-149．

[21] 何岱，周婷，袁世斌，等．污染土壤淋洗修复技术研究进展［J］．四川环境，2010，29（5）：103，113．

[22] 洪祖喜．土壤淋洗技术分析及应用现状［J］．节能与环保，2022，9：88-89．

[23] 张桐，张展华，胡杰华，等．淋洗技术在土壤污染修复中的应用与挑战［J］．环境化学，2022，41（11）：3599-3612．

[24] 周欣，张代荣，李萍．多环芳烃污染土壤化学氧化修复技术应用研究［J］．环境与发展，2020（2）：89-90．

[25] 杨敬超，李英英，等．臭氧氧化修复多环芳烃污染土壤的研究进展［J］．中国环境科学学会 2019 年科学技术年会—环境工程技术创新与应用分论坛论文集（三），2019：649-654．

[26] Javier R，Olga G，Ruth G，et al. Ozone treatment of PAH contaminated soils：Operating variables effect［J］. Journal of Hazardous Materials，2009，169（1/3）：509-515．

[27] Tamadoni A，Qaderi F. Optimization of soil remediation by ozonation for PAHs contaminated soils［J］. Ozone：Science & Engineering，2019，41（5）：1-19．

[28] 宋刚练，江建斌，祝可成．芬顿氧化法修复上海某工业场地的技术应用［J］．地质灾害与环境保护，2017，28（2）：106-110．

[29] 龙安华，雷洋，张晖．活化过硫酸盐原位化学氧化修复有机污染土壤和地下水 [J]．Progress in Chemistry, 2014, 26 (5)：898-908.

[30] 唐小龙，吴俊锋，王文超，等．有机污染土壤原位化学氧化药剂投加方式的综述 [J]．化工环保, 2015, 35 (4)：376-381.

[31] 周启星，宋玉芳，等．污染土壤修复原理与方法 [M]．北京：科学出版社，2004.

[32] HJ 1282—2023 污染土壤修复工程技术规范 固化/稳定化．

[33] 周连碧．污染场地修复阻隔技术研究与应用 [C]．2016 全国土地复垦与生态修复学术研讨会论文摘要，2016.

[34] 王劲楠，吴玉锋，李良忠，等．场地重金属复合污染阻隔技术研究进展 [J]．环境工程，2022, 40 (4)：10.

[35] 郭宝蔓，黄旋，顾爱良，等．水泥窑协同处置技术在土壤修复中的应用进展 [J]．环境科技，2022, 35 (6)：66-71.

[36] 杜善磊．垂直阻隔组合工艺在污染场地修复工程中的研究与应用 [J]．土木工程，2022, 11 (3)：11.

[37] 崔龙哲，等．污染土壤修复技术与应用．北京：化学工业出版社，2016.

[38] 柏耀辉，张淑娟．地下水污染修复技术：可渗透反应墙 [J]．云南环境科学，2005：(4)：51-54.

[39] 诸毅．污染地下水可渗透反应墙 (PRB) 修复技术及其应用设计 [C]．环境工程 (增刊)，2017, 2.

[40] 黄润竹，高艳娇，刘瑞，等．应用可渗透反应墙进行地下水修复的综述 [J]．辽宁工业大学学报 (自然科学版)，2016, 36 (4)：240-244.

[41] 梅婷．可渗透反应墙 (PRB) 技术综述 [J]．北方环境，2019, 31 (8)：89-90.

[42] 陈升勇，王成端，付馨烈，等．可渗透反应墙在土壤和地下水修复中的应用 [J]．资源节约与环保，2015 (3)：253-254.

[43] Barba S, Carvela M, Jose Villasenor, et al. Fixed-bed biological barrier coupled with electrokinetics fixed-bed biological barrier coupled with electrokinetics for the in situ electrobioremediation of 2,4-dichlorophenoxyacetic acid polluted soil [J]. Journal of Chemical Technology & Biotechnology, 2019, 94 (8)：2684-2692.

[44] 周书葵，张建，刘迎九，等．电动力联合可渗透反应墙修复铀污染土壤试验研究 [J]．应用化工，2020, 49 (2)：355-358.

[45] 周宾宾．地下水污染修复中的 PRB 技术综述 [J]．江西化工，2017 (2)：12-16.

[46] 钱程，张卫民．PRB 反应介质材料在地下水污染修复中的应用研究进展 [J]．环境工程，2018 (6)：1-11.

[47] Li Yangchang. Alternative chromium reduct ion and heavy metal precipitation methods for industrial wastewater [J]. Environmental Progress, 2003, 22 (3)：174-182.

[48] Wang Y, Pleasant S, Jain P, et al. Calcium carbonate-based permeable reactive barriers for iron and manganese groundwater remediation at landfills [J]. Waste Management, 2016, 53：128-135.

[49] Grittini G, Malcomson M, Fernando Q, et al. Rapid dechlorination of polychlorinated biphenyls on the surface of a Pd/Fe bimetallic system [J]. Environ Sci Tech, 1995, 29：2898-2900.

[50] Mackenzie P D, Horney D P, Sivavec T M. Mineral precipitation and porosity losses in granular iron columns [J]. Journal of Hazardous Materials, 1999, 68 (1-2)：1-17.

[51] Ruiz C, Anaya J M, Ramirez V, et al. Soil arsenic removal by a permeable reactive barrier of iron coupled to an electrochemical process [J]. International Journal of Electrochemical Science, 2011 (6)：548-560.

[52] 吴鹏宇．植物-微生物联合渗透性反应墙修复地下水硝酸盐污染研究 [D]．重庆：重庆交通大学，2016.

[53] USEPA. Permeable reactive barrier technologies for contaminant remediation，EPA/600/R-98/125 [R]. Washington, DC：EPA, 1998.

[54] Guerina F, Stuart H, Terry M, et al. An application of permeable reactive barrier technology to petroleum hydrocarbon contaminated groundwater [J]. Water Research, 2002, 36：15-24.

［55］ Arun R, Gavask A R. Design and construction techniques for permeable reactive barriers［J］. Journal of Hazardous Materials, 1999, 68: 41-71.

［56］ Craigy A R, Alan J R, Suribhatla R. Analytical expressions for the hydraulic design of continuous permeable reactive barriers［J］. Advances in Water Resources, 2006, 29: 99-111.

［57］ Shi Hongwei. Test and study on PRB technique treating polluted groundwater［D］. Hefei: Anhui University of Science and Technology, 2009.

［58］ Cundya B A, Hopkinsona L. Use of iron-based technologies in contaminated land and groundwater remediation: A review［J］. Science of the Total Environment, 2008, 400: 42-51.

［59］ Klammler H, Hatfield K. Analytical solutions for flow fields near continuous wall reactive barriers［J］. Journal of Contaminant Hydrology, 2008, 98: 1-14.

［60］ Dong Jun, Zhao Yongsheng, Zhao Xiaobo, et al. PRB technology in situ remediation of groundwater polluted by landfill leachate［J］. Environmental Science, 2003, 24 (5): 151-156.

［61］ Kahng H Y, Kukor J J, Oh K H. Characterization of strain HY99, a novel microorganism capable of aerobic and anaerobic degradation of aniline［J］. FEMS Microbiology Letters, 2000, 190 (2): 215-221.

［62］ Canell K J, Kap lan D I, Wiets ma T W. Zero-valent iron for the in situ remediation of selected metals in groundwater［J］. Journal of Hazardous Materials, 1995 (2): 201-212.

［63］ 井柳新, 程丽. 地下水污染原位修复技术研究进展［J］. 水处理技术, 2010 (7): 6-9.

［64］ 周启星, 林海芳. 污染土壤及地下水修复的 PRB 技术及展望［J］. 环境污染治理技术与设备, 2001, 5: 48-53.

［65］ 马会强, 张兰英, 张洪林, 等. 新型生物反应墙原位修复石油烃污染地下水［J］. 重庆大学学报, 2011 (5): 99-104.

［66］ 孙本山, 崔康平, 洪天求. 可吸附生物反应墙修复地下水中 BTEX［J］. 环境工程学报, 2014 (10): 4215-4220.

［67］ 马会强, 张兰英, 张洪林, 等. 泥炭生物反应墙构建及修复地下水中石油烃［J］. 土木建筑与环境工程, 2011 (3): 129-135.

［68］ 张胜, 毕二平, 陈立, 等. 微生物修复石油污染地下水的实验研究［J］. 现代地质, 2009 (1): 120-124.

［69］ 陈梦舫, 钱林波, 晏井春, 等. 地下水可渗透反应墙修复技术原理、设计及应用［M］. 北京: 科学出版社, 2017.

［70］ 中华人民共和国生态环境部土壤生态环境司. 地下水污染可渗透反应格栅技术指南（试行）［M］. 北京: 生态环境部, 2022.